耐得住寂寞，
你想要的
岁月
都会给你

孙郡锴 编著

中国华侨出版社

图书在版编目（CIP）数据

耐得住寂寞，你想要的岁月都会给你 / 孙郡锴编著. —北京：中国华侨出版社，2016.8
ISBN 978-7-5113-6224-7

Ⅰ. ①耐… Ⅱ. ①孙… Ⅲ. ①成功心理–通俗读物 Ⅳ. ①B848.4-49

中国版本图书馆CIP数据核字（2016）第193870号

● 耐得住寂寞，你想要的岁月都会给你

| 编　　著 / 孙郡锴 |
| 责任编辑 / 文　喆 |
| 封面设计 / 一个人·设计 |
| 经　　销 / 新华书店 |
| 开　　本 / 710毫米×1000毫米　1/16　印张/16　字数/220千字 |
| 印　　刷 / 北京一鑫印务有限责任公司 |
| 版　　次 / 2016年10月第1版　2019年8月第2次印刷 |
| 书　　号 / ISBN 978-7-5113-6224-7 |
| 定　　价 / 32.00元 |

中国华侨出版社　北京市朝阳区静安里26号通成达大厦3层　邮编100028
法律顾问：陈鹰律师事务所
编辑部：（010）64443056　　64443979
发行部：（010）64443051　　传真：64439708
网　　址：www.oveaschin.com
E-mail：oveaschin@sina.com

前 言
preface

孤独,是忧愁的伴侣,也是精神活动的密友。

孤独本身无所谓好坏,它是无法回避的人生问题和哲学命题,也是人生中无可缺少的一种生存姿态。

假如你在这个世界上是孤独的,完全孤独的,你就把这种孤独当作你的安慰和你的力量。

试着去接受,接受生命中的那些意外、变故,接受别人对你的误解,接受别人在你生命低谷中的背离,接受努力却暂时得不到回报,接受不完美以及不被人认同的自己。我们的确没能力改变这个世界,但我们也不必对整个世界妥协,我们还是要让自己努力去爱,去为自己心中所想义无反顾。只有这样,我们才会活得快乐一些、真实一些。

如果老天把你想要的东西拿走,那一定是认为你还没有资格拥有,如果有人在你瑟瑟发抖的时候离开了你,那么分道扬镳也是好事。是你的,谁也抢不走,不是你的,就算十指紧扣,依然走漏。顺其自然,好好过自己的生活才是真的。

如果生活不小心伤害了你,也别萎靡,苦难是老天发错了脾气,但我们依然要按照自己的方式去经历,去感受,如果曾经怀疑过,痛苦过,犹豫过，那么现在，原谅曾经，原谅过去的自己，把这一切，当作成长。

当你踏平前方的坎坷再回首时，就会发现，那么多曾经觉得难以释怀的事情，都不过是沧海一粟，生命给予我们的，不只是艰难，还有成长。

你要相信，在你生命里呈现出来的每个人每件事，都有它的价值和意义，它们教会了你如何去爱，什么叫成长，即使只是偶尔路过留下一行浅浅的印记，也是一笔难能可贵的财富。至少在曾经的某个时刻，它让你明白了生活，让你懂得了自己。

你要清楚，这个世界，什么都可以安排，唯独你的心不能被安排，这个世界失去谁都不会天塌地陷，唯独失去你自己，会面目全非。将来，还有很长很长的一段路，我们都要一个人走完，带着孤独上路，永远不要忘记自己出发时的决心，也不要忘记曾经的故事里每一个片段中的自己，做一个不忘初心内心安静的自己。

此时，愿你将所有的不悦与伤痛，沉淀在湖底，没有惊涛骇浪也不会荡起涟漪，只留一份淡淡的孤独，修复自己日渐扭曲的灵魂，使自己依旧温暖如初。

目录
contents

Chapter 1
成长，是一件孤独的事儿

> 只要你愿意，终有一天你会破蛹而出，成长得比人们期待的还要美丽，但这个过程会很辛苦，也很痛苦，而且你不能指望别人的帮助。但，这正是成长的必然经历。现在，做好你能做的，然后，一切都会好。我们都将孤独地长大，不要害怕。

别人，成全不了你的生命 / 2
依赖，是对自己最大的伤害 / 3
人，总要学会自己长大 / 5
你最终能依靠的只有你自己 / 7
生命的支柱只能是你自己 / 9
命运要牢牢抓在自己手上 / 11
你才是自己真正的救世主 / 13
信你自己，就能强大 / 16
感谢逼迫我们成长的人 / 18

Chapter 2
一个人的日子，实在无需楚楚可怜

　　一个人的时光里，让自己成为自己世界的建造者，让坚强成为一种习惯。日子一久，真的就没有什么了不得的事情可以难倒我们，即使有时我们会手忙脚乱，即使有时会磕磕绊绊，但当我们准备好以后，自然就会有面对事情该有的把握。

一个人，不一定是单身 / 22
何必在意谁把谁遗忘 / 24
无人知己，也无须遗憾 / 26
没人懂你，没有关系 / 28
你最该取悦的人，是自己 / 31
不要一如既往地忧伤 / 33
其实你能独自面对这一切 / 35
你若盛开，蝴蝶自来 / 37
他们离开了，就离开吧 / 39
有些痛，只能留给自己 / 43
痛过了，就要学会放下 / 45

Chapter 3
自己的苦，最终只能自己扛

　　人这辈子，有些事情，只能自己去扛，有些苦涩，只能自己品尝。世上的路，有时，只能一个人走；身体的伤，有时，只能一个人养。你挺住了，扛住了，走过了，养好了，才有后来的成功，才会有后来的难忘记忆。

自己的苦只能自己扛 / 48

世界不相信眼泪 / 50

奔跑吧，没有伞的孩子 / 52

想穿新鞋就自己去争取 / 55

把生命的缺陷活成圆满 / 58

自弃才是生命中最大的残疾 / 60

除了自己，没人能赶你到绝地 / 62

所有的一切都能应付过去 / 64

永远都不要让眼睛失去光泽 / 66

自己跳出来，否则你将被埋葬 / 67

Chapter 4
开到荼蘼，不喧哗，自有声

在这个"喧哗"的时代，每个人都在突显自己的声音，每个人都在争分夺秒爬向自己期冀的高度，也有很多人在瞬间失去了生活的态度。当钢筋水泥代替了城市的风景，我们早已忘记了，什么才是君子之道。有的时候，我们的确应该，在别人喧嚣的时候让自己安静。

沉寂，丰厚了生命的积蓄 / 70

百年等待，花开无声，惊艳了谁 / 72

纵做了孤星，也要照亮银河 / 74

心若丰盈，是苦亦乐，穷亦乐 / 76

此心平常，不为物惑，不乱不慌 / 79

在热闹中怀一抹淡泊情怀 / 81

人穷德馨，匮乏却活得坦然 / 83

真我本性，才是生命原色 / 86

要怎样做，才算得上优秀 / 88

生命，需要一个高贵的理由 / 90

这辈子，留给世界一个坦然微笑 / 92

Contents 目 录

Chapter 5
天冷的时候，自己温暖自己

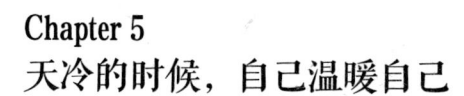

这个世界，只有回不去的，没有过不去的，与自己为难，那是傻瓜才干的事情。所以亲爱的自己，从现在起，为了自己好好地活着，好好爱自己。亲爱的自己，你有一万个理由要对别人好，却没有一个理由要求别人对你好，所以与其等着别人来爱你，不如自己努力爱自己。

生命的颜色，取决于你心的颜色 / 96
自找的烦恼，也只有自己能解决 / 98
在痛苦中微笑，向最好处努力 / 101
别人对你不好，你要对自己更好 / 103
幸福，从欣赏自己的那一刻开始 / 106
生命成殇，并不能阻止你焕发荣光 / 108
不经你的允许，此生不会成为悲剧 / 110
困苦之中，画一扇窗送给自己 / 113
得不到你所爱的，就爱你所得的 / 115
快乐，就是自己给自己找乐子 / 117
用内心的糖裹住生活的苦 / 119
如果你愿意，幸福就在拐角处 / 121

Chapter 6
最美的情歌，只唱给懂的人听

最美的情歌，应该只唱给懂的人听。两颗心不在一起，即使你倾尽所有心力，发出天籁之音，也不过是对牛弹琴。真正的爱情，应该是两个人，彼此理解，互相尊重，不缠绕，不牵绊，不占有，然后相伴，走过一段漫长的旅程。如果情歌唱错，请给予自己改正的勇气，而不要傻傻地继续着一个人独唱。

有一种爱情，让人不得不孤独 / 124
爱人，就是适合自己的那个人 / 126
爱情有个条件，叫作两情相悦 / 128
幸福总是眷顾那些有心人 / 130
爱一个人，不一定要他有多好 / 132
真诚和在乎就是最好的浪漫 / 135
能够衡量爱情的并不是物质 / 136
在爱情里，谁也不是谁的全部 / 138
失恋，只是失去不爱你的人 / 140
曲终人散，又何苦意犹未尽 / 143
有些人，并不值得你落泪 / 145
有一种好爱人，叫下一个 / 148

Chapter 7
明白得失的意义，才知道该抓紧什么

失去的痛苦是因为执意拥有。一味地索取，就会变得贪得无厌，一味在乎自己的得失，则会裹足不前。知足常乐吧！没有永远的高歌猛进，也没有永远的低谷徘徊。在幸福与消沉之中懂得取舍，学会进退。佛曰："得失随缘，心无增减。"

生活中，总有赶不上的公交车 / 152
与其藕断丝连，不如一刀两断 / 154
若要贪全，恐怕只会一无所得 / 156
什么都不丢，可能什么都做不好 / 159
纠结一时得失，未免得不偿失 / 160
你的欲望要有一个底线 / 162
生命需要的仅仅是一颗心脏 / 164
灵魂上的贫穷才是无法补救的 / 166
别用幸福为你的虚荣埋单 / 168
放松一点，别让压力伤了你 / 171
走慢一些，不要等砖块丢过来 / 173

Chapter 8
自己的世界，自己做主就好

很多事情我们决定不了，但人生是我们自己的，我们可以自己做主。人生的道路很长，知道自己想要什么，为得到机会，就算多绕几个弯也不要紧。希望我们在走完这条路，回头再看的时候，不会说："我从没按自己的想法生活过。"而是说，"我按照自己的愿望过完了自己的人生"。仅此一点，就是人生莫大的幸福。

忠于自己才是最大的忠诚 / 176
生命是自己的，就该活给自己看 / 178
做你自己，不必讨好每一个人 / 180
过分地迎合别人，就会丢失自己 / 181
别在意别人胡乱给你的差评 / 183
你的人生，别让别人轻易下结论 / 184
最可靠的意见来自自己的心里 / 186
人生的答案，最终还要自己给出来 / 188
你认为对的那条路，就是正路 / 191

Chapter 9
与众不同，你的孤独虽败犹荣

生活，没有模板。活着，最重要的是活出自己的特色和滋味。所以，做你想做的事，做好你自己就好了，不必在意别人说什么。你完全可以让自己与众不同，就算输了，也是虽败犹荣。生命中最幸福的事儿，不是活得像某个成功的人，是你努力之后，活得更像自己。

从众会让我们失去明辨的能力 / 194

真理并不一定在大多数人那里 / 196

有自己的思想，才叫自己的人生 / 198

一味模仿别人结果一事无成 / 200

在自己的轨迹上，走出自己的特色 / 201

孤独使人优秀 / 203

梦想可以被嘲笑，但决不能凋零 / 205

别人越泼冷水，越要热气腾腾 / 208

找到自己的方向，不盲从 / 210

坚持你的原则，不必别人点头 / 212

Chapter 10
笙歌唱尽,阑珊处孤独向晚

快乐若来自于物欲的满足,是短暂而不幸的,物欲没有止境,人生就会永无宁日,为了无休止的私欲,注定得不到快乐。而只有来自于心灵的快乐,才是永久而幸福的。才有宁静、恬淡、平和之感,才有欣赏良辰美景的内在之眼。

你的孤独,可以开花结果 / 216

与自己下棋,赢家总是自己 / 218

做一个孤独的散步者,有何不可 / 221

坚强久了,内心也就强大了 / 223

给自己一些孤独时光韬光养晦 / 225

从窄处开始,别被宽门所迷惑 / 227

即使身处闹市,依然可以悠然自得 / 230

时常到心灵静谧的地方走一走 / 232

于静处体味生活,还原生活本色 / 235

若无闲事挂心头,便是人间好时节 / 237

寻求宁静,并不是要把自己隔离 / 239

Chapter 1
成长，是一件孤独的事儿

　　只要你愿意，终有一天你会破蛹而出，成长得比人们期待的还要美丽，但这个过程会很辛苦，也很痛苦，而且你不能指望别人的帮助。但，这正是成长的必然经历。现在，做好你能做的，然后，一切都会好。我们都将孤独地长大，不要害怕。

别人，成全不了你的生命

依赖是对生命力的一种束缚，如果处处借助他人的力量帮助自己达成目的，那就好比建在沙滩上的大厦，没有坚实的基础，一阵海浪过来，就会毁于一旦。

有一则佛经故事说：德山禅师在尚未得道之时曾跟着龙潭大师学习，日复一日地诵经苦读让德山有些忍不住。一天，他跑来问师父："我是师父翼下正在孵化的一只小鸡，真希望师父从外面尽快啄破蛋壳，让我早一天破壳而出啊！"

龙潭笑着说："被别人剥开蛋壳而出来的小鸡，没有一个是能活下来的。母鸡的羽翼只能提供小鸡成熟和有破壳力量的环境，你突破不了自我，最后只能胎死腹中。不要指望师父能给你什么帮助。"

德山听后，满脸迷惑，还想开口说些什么，龙潭禅师说："天不早了，你也该回去休息了。"德山开门走出去时，看到外面非常黑，就说："师父，天太黑了。"龙潭便给他一支点燃的蜡烛，他刚接过来，龙潭就把蜡烛吹灭，并对德山说："如果你心头一片黑暗，那么，什么样的蜡烛也无法将其照亮啊！即使我不把蜡烛吹灭。"德山听后，如醍醐灌顶，后来果然青出于蓝，成了一代大师。

Chapter 1　成长，是一件孤独的事儿

如果一心等待别人的帮助，以为只要借助外力，就能够顺利地活着，基本不会有出息。这就如同一些鱼儿，只是随波逐流，等待大自然的赐予，赐予它们丰盛的食物，全新的、安定的生活，可是它们等到的，却是沙滩上的搁浅，无力进退，生命风干。然而还有另一些鱼儿，它们一直在尝试改变命运，或是逆流而上跃过龙门，或是强化自己成为霸主，它们，才是大海真正的主人。

人生道路需要我们自己用脚去行走，没有谁会一直甘心做你的支撑。无论是工作还是生活，谁会跟随你一生？谁会跟你形影与共？只有你自己。其实，每个人都可以成为自己的上帝，每个人也都应该成为自己的上帝，当人生迷失方向之时多问问自己："我该怎么办？我能怎么办？我会怎么办？"在你能对这些问题做出精确判断并着手进行解决时，你就是自己的上帝了。

依赖，是对自己最大的伤害

依附他人而活，就算一时能博得个锦衣玉食，也不会安枕无忧，一旦这个宿主倒下，你的人生就会随之轰然倒塌。

依附对于某些人来说是一种生活的无奈，对于某些人来说是一种"好风凭借力，送我上青云"的捷径，但无论如何，你要有自己站着的能力，

3

否则就算有人真的愿意将你推向高峰，你也不可能在那里挺立下去。在这个充满竞争的时代中，我们应该更多地丰盈自己的武器库，装满生存技能，才不至于一败涂地。所以，不要一直幻想着天降贵人，自己才是一切问题的关键，在时间无情的流逝里，我们所能保留、能永恒的莫过于自己。

曾看到过这样一则寓言，感慨良多：

一只住在山上的鸟与住在山下的鸟在山脚下相遇。山上的鸟说："我的窝刚搭好，参观参观吧。"山下的鸟便跟着去了，到那儿一看——什么鸟窝？不就是光秃秃的石缝里放着几根干草吗？

"看我的去。"山下的鸟带着山上的鸟来到一家富人的花园。

"看，那就是我的窝。"山上的鸟仰头望去，果然看到一只精致的木制鸟窝悬挂在紫荆树梢，那窝左右有窗，门面南而开，里面铺着厚厚的棉絮。

山下的鸟自豪地说："像我们这种鸟，有漂亮的羽毛，叫声又不赖。找个靠山是非常容易的。假如你愿意，以后我给主人说说，你搬我这儿来住。"

山上的鸟没有回答，展翅飞走了，再没有回来。

不久后的一天，山上的鸟正在石缝窝里睡觉，听到门口有叫声，伸头一看，山下的鸟正狼狈地站在那儿。它身上的羽毛已不平正，哭丧着脸对山上的鸟说："富翁死了。他的儿子重建花园，把我的窝给拆了。"

人活着，还有什么比依附于人更低气？又有什么比依靠自己更长久？山下那只鸟依附在富翁家中，虽有一时的光鲜，却终敌不过石缝中的几根干草。所以说，与其依附他人，不如好好利用自身资源，求人往往需要付出很大代价，动用种种关系，比起向内求己，相信你知道哪个成本会更高。

所以，别时时想着依附别人，要知道，即使是你的影子也会在黑暗中离开你。

人，总要学会自己长大

如果过分依赖父母的滋养，就学不会自己成长，父母全方面的爱，有时也是一种伤害，其实即便没有那么多的呵护，我们也能很好地生长。

有两个西班牙人，一个叫布兰科，一个叫奥特加。虽然他们同龄，又是邻居，但家境却相差很远。布兰科的父亲是一个富商，住别墅，开豪车。而奥特加的父亲却是一个摆地摊的，住棚屋，靠步行。

从小，布兰科的父亲就这样对儿子说："孩子，长大后你想干什么都行，如果你想当律师，我就让我的私人律师教你当一名好律师，他可是出名的大律师；你如果想当医生，我就让我的私人医生教你医术，他可是我们这里医术最高的医生；如果你想当演员，我就将你送去最好的艺术学校学习，找最好的编剧和导演来给你量身定做角色，永远让你当主角；如果你想当商人，那么我就教你怎样做生意，要知道，你老爸可不是一个小商人，而是一个大商人，只要你肯学，我会将我的经商经验全都传授给你！"

奥特加的父亲则总是这样对儿子说："孩子，由于爸爸的能力有限，家境不好，给不了你太多的帮助，所以我除了能教你怎样摆地摊外，再也教不了你任何东西了。你除了跟我去学摆地摊，其他的就是想也是白想啊！"

两个孩子都牢牢地记住了自己父亲的话。布兰科首先报考了律师，还没学几天，他就觉得律师的工作太单调，根本就不适合他的性格。他想，反正还有其他事情可以干，于是，他又转去学习医术。因为每天都要跟那些病人打交道，最需要的就是耐心，还没干多久，他又觉得医生这个职业似乎也不太适合他。于是，他想，当演员肯定最好玩，可是不久后，他就知道当演员真的是太辛苦了。最后，他只得跟父亲学习经商，可是，这时，他父亲的公司因为遭遇金融危机而破产了。

最终，布兰科一事无成。

奥特加跟父亲摆了几天地摊后，就哭着不肯去了，因为摆地摊日晒雨淋不说，还常遭人白眼。可是，一想到除了摆地摊，再也没别的事可干，他又硬着头皮跟父亲出发了。可是，还没干几天，他又受不了了，又吵着闹着不肯去了。因为没事可干，不久，他又跟着父亲出发了。

慢慢地，他竟然从摆地摊中发现，要想永远摆脱摆地摊的工作，就得认真地将地摊摆好。结果，几年后，他终于拥有了自己的专卖店。30年后，他拥有了属于自己的服装集团。如今，该集团在世界68个国家中总计拥有3691家品牌店，一跃成为世界第二大成衣零售商。奥特加以250亿美元个人资产，位列《福布斯》2010年世界富豪榜第九位。

依附是将自我彻底埋没，在经营人生的过程中，它是一场削价行为。

生命之本在于自立自强，人格独立方能使生命之树常青。

别把太多的希望寄托在别人身上，没有人会永远保护你，父母终究会老去，朋友都会有自己的生活，所有外来的赐予必然日渐远离，所以我们要学着给自己温暖和力量，遇到困难不要灰心、不要抑郁，越是孤单越要坚强，生命的负重还要你来托起。

你最终能依靠的只有你自己

这个世界上没有谁是你真正的靠山，你真正可以依靠的只能是你自己。

所以当人生遭逢苦难之时，不要一心只想着去找"救命稻草"，你应该静下心来问问自己："我能做什么，我会因此而得到什么？"你的未来，还需要你自己去努力。

有个中国大学生，以非常优秀的成绩考入加拿大一所著名学府。初来乍到的他因为人地两疏，再加上沟通存在一定障碍，饮食又不习惯等原因，思乡之情越发浓重，没过多久就病倒了。为了治病，他几乎花光了父母给自己寄来的钱，生活渐渐陷入困境。

病好以后，留学生来到当地一家中国餐馆打工，老板答应给他每小时十加元的报酬。但是，还没干到一个星期他就受不了了，在国内，他可从来没做过这么"辛苦"的工作,他扛不住了,于是辞了工作。就这样,他不时依靠父母的帮助,勉勉强强坚持了一个星期,此时他身上的钱已经所剩无几。所以在放假那会儿,他便向校方申请退学,急忙赶回了家乡。

当他走出机场以后,远远便看到前来接机的父亲。一时间,他的心中满是浓浓的亲情,或许还有些委屈、抱怨——他可从来没吃过这么多的苦。父亲看到他也很高兴,张开双臂准备拥抱许久不见的儿子。可是,就在父子即将拥在一起的刹那,父亲突然一个后撤步,儿子顿时扑了个空,重重地摔倒在地。他坐在地上抬头望着父亲,心中充满了迷惑——难道父亲因为自己退学的事动了真怒?他伸出手,想让父亲将自己拉起,而父亲却无动于衷,只是语重心长地说道:"孩子你要记住,跌倒了就要自己爬起来,这个世界上没有任何一个人会是你永远的依靠。你如果想要生存、想要比别人活得更好,只能靠自己站起来!"

听完父亲的话,他心中充满惭愧,他站起来,拍了拍身上的灰尘,接过父亲递给自己的那张返程机票。

他不远万里匆匆赶回家乡,想重温一下久违的亲情,却连家门都没有踏进便返回了学校。从此以后,他发奋努力,无论遇到多少困难、无论跌倒多少次,都咬着牙挺了过来。他一直记着父亲的那句话——"没有任何一个人是你永远的依靠,跌倒了就要自己爬起来!"

一年以后,他拿到了学校的最高奖学金,而且还在一家具有国际影响力的刊物上发表了数篇论文。

别以为靠自己的力量不能将生命张扬,人生路上没有什么不可阻挡。别把太多的希望寄托在别人身上,没有人会永远保护你,父母终究会老去，朋友都会有自己的生活，所有外来的赐予必然日渐远离，所以我们要学着给自己温暖和力量，遇到困难不要灰心、不要抑郁，越是孤单越要坚强，生命的负重还要你来托起。

生命的支柱只能是你自己

小蜗牛问妈妈："为什么我们从生下来，就要背负这个又硬又重的壳呢？"

妈妈告诉它："因为我们的身体没有骨骼的支撑，只能爬，又爬不快，所以要这个壳的保护！"

小蜗牛："毛虫姐姐没有骨头，也爬不快，为什么它却不用背这个又硬又重的壳呢？"

妈妈："因为毛虫姐姐能变成蝴蝶，天空会保护它啊。"

小蜗牛："可是蚯蚓弟弟也没骨头、爬不快，也不会变成蝴蝶，它为什么不背这个又硬又重的壳呢？"

妈妈："因为蚯蚓弟弟会钻土，大地会保护它啊。"

小蜗牛哭了起来："我们好可怜，天空不保护，大地也不保护。"

蜗牛妈妈安慰它："所以我们有壳啊！我们不靠天，也不靠地，我们靠自己。"

这和我们做人是一个道理。如果我们想给予生命足够的安全或者是成功，必须依靠自己的力量。若是把希望寄托在别人身上，你也许永远也得不到自己真正想要的。

我们这一生会遇到很多问题，而解决问题的途径就两种：一种是自己解决，一种是别人帮助。但是，只有内因是解决问题的根本所在，谁都不可能一直依靠外力来解决。打个比方：一个人没钱吃饭，快要饿死了，如果他不主动挣钱，每次都靠别人施舍，那么这个吃饭的问题就一直没有得到真正的解决。我们生命中的很多东西，都需要以此为戒。

春秋战国时期，一位父亲和他的儿子出征打仗。父亲已做了将军，儿子还只是马前卒。又一阵号角吹响，战鼓雷鸣了，父亲庄严地托起一个箭囊，其中插着一支箭。父亲郑重地对儿子说："这是家传宝箭，配带身边，力量无穷，但千万不可抽出来。"那是一个极其精美的箭囊，厚牛皮打制，镶着幽幽泛光的铜边儿，再看露出的箭尾，一眼便能认出是用上等的孔雀羽毛制作的。

儿子喜上眉梢，贪婪地推想箭杆、箭头的模样，耳旁仿佛有嗖嗖的箭声掠过，敌方的主帅应声折马而毙。果然，配带宝箭的儿子英勇非凡，所向披靡。当鸣金收兵的号角吹响时，儿子再也禁不住得胜的豪气，完全背弃了父亲的叮嘱，强烈的欲望驱赶着他呼一声就拔出宝箭，试图看个究竟。骤然间他惊呆了。一支断箭——箭囊里装着一支折断的箭。

我一直挎着支断箭打仗呢！儿子吓出了一身冷汗，仿佛顷刻间失去支柱的房子，意志轰然坍塌了。

结果不言自明，儿子惨死于乱军之中。

拂开蒙蒙的硝烟，父亲捡起那支断箭，沉重地啐一口道："不坚信自

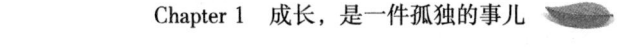

我的意志，永远也做不成将军。"

把胜败寄托在一支宝箭上，多么愚蠢！把性命的核心交给别人，又是多么危的险！殊不知，你才是自己的一支利箭，能保护你、拯救你、强大你的，只能是你自己。

命运要牢牢抓在自己手上

人若一直依赖拐杖走路，就会忘记双腿应有的功能，离开拐杖，便不会行走了。须知，曾经的失败并不意味着永远的失败，曾经达不到的目标并不意味着永远达不到，你只有放弃手中的拐杖，才能大步迈向人生的目标。

穆拉·纳斯鲁汀先生是一位很有灵气的作家，看上去一副风流倜傥的样子，很惹周围女人们的喜爱。婚后15年，他终于因爱上一个比自己小许多的姑娘而同妻子离婚，落得个一无所有。他并不在意，因为他天生是个情种，只在乎爱情，其他一切均不放在心上。他携这位姑娘出外闯荡，在孟买开设一家小公司，是那种经营出版、发行图书刊物的公司。虽然他懂这方面的业务，但他讨厌经营。于是，他把公司里的一切交给了女友，自己在家写书。几年后，公司有了些发展，女友赚了些钱，而他的作品却没人认可。这时，女友认为他无能，提出分手。他带着绝望的心情离开了那位女友，甚至连死的心都有。经过一番垂死挣扎，他的一位旧友要他去公司帮忙，工资不菲，与此同时，他又有了新的所爱，一位心地善良的公务员。这就像他生命里的一点微光，拯救了他。几番磨难之后，他觉得无论如何也不能失去这一副"拐杖"了，不然的话，他简直没有办法再活下去。

但是，让他没想到的是，他几乎是在同一时刻丢失了工作和新女友。

他真的想一死了之。他不止一次对自己说：纳斯鲁汀先生，你无法再活下去了，死吧，去死吧！

毕竟，死也不是件容易的事。他靠朋友的接济，四处找工作，几乎跑遍了整个孟买，也没找到一份适合自己的工作。这时，纳斯鲁汀真正意识到自己老了，他再也不是那个风流倜傥的知名作家了。他开始重新审视自己的生活，第一次意识到自己应该像个真正男人那样立志发奋。于是，他开始了刻苦努力的创作，他的努力终于得到了回报，一下子签了几本书的写作合同。

从此，纳斯鲁汀先生再也不相信什么"拐杖"了，他只信奉：把命运紧紧抓在自己手中才是最可靠的！

没有什么拐杖是你能够永久依赖的，命运要靠自己把握。倒下去必须重新爬起来才能够寻求自立，大步向前。只有把命运紧紧抓在自己手中才是最可靠的，无论对待爱情还是事业。

你要懂得，没有人替你勇敢，没有人可以一辈子为你而活，所以要自己学会坚强。

你才是自己真正的救世主

身处困境之时，我们都希望能有一个救世主来解救自己，使自己从地狱中摆脱出来。这当然可以理解，而且，的确存在你最困难的时候将你从困境中解救出来的贵人，但是，这建立在你必须有信心且努力获救的基础上。否则，即使万能的上帝，面对一个已彻底放弃、对自己毫无信心的人，也只能徒呼奈何。

有一个年轻的农村小伙子，他很厌恶那种面朝黄土背朝天的生活。于是，他丢弃了原先的田地，独自来到城中闯荡。然而，他既没有学问，也没有技术，又好高骛远，所以几个月过去了，他始终没有找到一份合适的工作，而身上带的钱又花光了，最后不得不沦为了乞丐。

一天，已沦为乞丐的他听人说，城里住着一位大师，只要诚心去拜访他，他就能给你一个改变命运的秘诀。

于是，小伙子四处打听，终于找到了那位大师。小伙子来到大师家里，大师并没有因为他是乞丐而轻待他。相反，还礼貌地请他入座，并亲手给他倒上了一杯茶。然后，大师才微笑着问："我有什么能够帮助你的吗？"

小伙子十分感激大师的尊重，连忙说："您能告诉我一个改变命运的秘诀吗？我想变得富有起来。"

听完，大师略带疑惑地问："那你能告诉我，你为什么会沦为乞丐吗？"

这个小伙子顿感无比羞愧，他低下头喃喃说道："因为我厌倦了耕种，希望在城里找到一条发财的路子，然而一切并非像我想象得那样简单。"

大师不解地问："那你现在为什么不回到家里，重新开始呢？"

小伙子嗫嚅道："现在我都沦为乞丐了，还有什么面目回去呢？多丢人啊！"

大师又问："那你现在家里还有什么呢？"

小伙子回答说："除了我这个人！就是几亩早已荒芜的土地了。"

此时，大师点了点头，说道："这两个条件足以使你改变命运了。你回家去吧。"

然后，大师递给小伙子一包花籽，解释道："等你拉一马车花瓣来，我可以告诉你一个炼金的秘诀，而花瓣就是炼金所必需的引子。"

小伙子千恩万谢地离开了大师的居所，毫不犹豫地回到了乡下。他不知疲劳地劳作，那些荒芜的土地重新被开垦起来。然后，他把大师交给他的那些花籽播种在里面。

第一年，他只采得了一竹篓花瓣，因为他留下了大半花朵任其成熟结籽。然后，继续扩大栽种。

第二年，他采集了满满一大马车晒制好的花瓣，来到城里。他再一次找到了大师，恳求说："炼金的引子，我已经弄来了，您可以告诉我秘诀了吗？"

大师看着那一马车晒制好的花瓣，颇为惊讶地说："这就是你炼出的金子呀！"

原来，这些花瓣是一种名贵的中药材。大师让他卖给城里的一些药铺。那些药铺见农夫栽种的药材成色好，而且价格还便宜，纷纷与他签订供货合同。

临走时，小伙子拿出很多钱来，欲送给大师，却被大师谢绝了。

小伙子异常感激地说："谢谢您，是您改变了我的命运，您是我的大恩人啊！"

大师却微笑着摇了摇头说："不要谢我，感谢你自己吧！如果你不肯付出努力，谁又能救得了你呢？"

是的，如果你不肯付出努力，谁又救得了你？所以，你才是自己的救世主。当你自以为困难重重的时候，不要一直啜泣着等待救世主的出现，因为你完全有能力改写自己的命运，你可以顽强地活下去，而且会活得更好。事实上，这个世界根本没有什么救世主，除了我们自己。

信你自己，就能强大

你所有的不幸，只能算是生命之歌中一串不协调的颤音。通过调整与努力，仍然可以奏出动听的乐章，同样可以博得满堂的喝彩！为你伴奏的人不必太多，不要总是把目光盯在别人身上，不该把别人的缺失当作自己堕落的理由。

如果一个人，不信任自我，不承认自我，不去发展自我，他还能做什么？扶不起的阿斗，就算别人想帮，又能帮得了多少？人生这条路，没人能够抬着你走完，寄希望于自我才是最可靠、最有利的成功法则。

多年前，美孚石油公司董事长贝里奇到开普敦巡视工作，在卫生间里，他看到一位黑人小伙子跪在地板上擦水渍，并且每擦一下，就虔诚地叩一下头。贝里奇感到很奇怪，问他为什么要这样做？黑人小伙子回答说，他正在感谢一位圣人。

贝里奇为自己的下属公司拥有这样的员工感到欣慰，接着又问他为何要感谢那位圣人？黑人小伙子说，是圣人帮他找到了这份工作，使他终于有了饭吃。

贝里奇笑了，对他说："我曾遇到一位圣人，他使我成了美孚石油公司的董事长，你愿见他一下吗？"

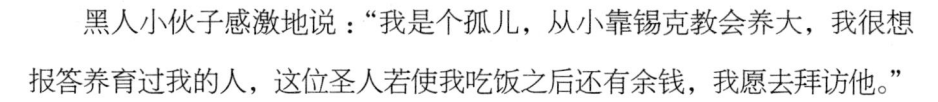

Chapter 1　成长，是一件孤独的事儿

黑人小伙子感激地说："我是个孤儿，从小靠锡克教会养大，我很想报答养育过我的人，这位圣人若使我吃饭之后还有余钱，我愿去拜访他。"

贝里奇告诉他："在南非有一座很有名的山，叫大温特胡克山。那上面住着一位圣人，能为人指点迷津，凡是能遇到他的人都会前程似锦。20年前，我到南非登上过那座山，正巧遇到他，并且得到他的指点。假如你愿意去拜访，我可以向你的经理说情，准你一个月的假。"

这位黑人小伙子在30天的时间里，一路披荆斩棘，风餐露宿，过草甸，穿森林，历尽艰辛，终于登上了白雪覆盖的大温特胡克山，他在山顶上徘徊了一天，除了自己，什么都没有遇到。

黑人小伙很失望地回来了，他遇到贝里奇后，说的第一句话是："董事长先生，一路我处处留意，直到山顶，我发现，除我之外，根本没有什么圣人。"

贝里奇说："你说得很对，除你之外，根本没有什么圣人。"

20年后，这位黑人小伙做了美孚石油公司开普敦分公司的总经理，他的名字叫贾姆纳。

当你发现自己的那一天，就是你遇到圣人的时候。这个世界上，有谁会在看穿你的软弱之后，一直默默替你坚强着？不要叹息，世界就是这么现实，只有强者才能适应它的规则。人，总要学着自己长大，然后再学会那些所谓的坚强，最后才能实现自己的梦想，我们只有让自己的内心真正强大起来，才不会让别人看到你的软弱。

感谢逼迫我们成长的人

做你没作过的事情,叫作成长;做你不愿意做的事情,叫作改变;做你不敢做的事情,叫作突破。当有人逼迫你去突破自己,你要感恩他,因为他是你生命的贵人,也许你会因此而改变和蜕变。

17岁那年,父母很认真、很正式地找他谈了一次话。他们说:"明年,你就18岁了,是真正意义上的成年人了。一个成年人必须独立。以后你有了工作,挣了钱,不需要给我们,我们不需要你养活,但你必须养活自己。"这一番话,一直深刻在他的脑海之中,时刻不敢忘记。

上了大学以后,他开始勤工俭学,自给自足,真的没有再向家里要过一分钱。那个时候,他懂得了生活的不易,也认清了自己的能力。

他的第一份勤工助学工作是清扫楼道,这是宿管阿姨介绍给他的。每天五点左右,他便起床洗漱,然后开始近一个小时的工作,当他第一次拿到300元的报酬时,他简直是欣喜若狂,钱虽不多,但毕竟是凭自己双手挣来的。

到了大一的第二学期,他的生活更加忙碌了,为了凭自己的能力攒足学费,他又向学校申请去牛奶部送牛奶。每天天还没亮,他就得悄悄起床,要赶在大家起床之前,将还带着温度的牛奶送到同学们手中。然后,他还要去清扫楼道。

周末的时候，他要去做兼职家教，有时甚至要跑到离学校几十公里外的小镇上去。为了对别人的孩子负责，他非常认真和投入，也赢得了众多家长的好评和肯定。

自己辛辛苦苦赚来的钱，主要是为了支付学费，用在吃饭上，他就觉得有点舍不得了。于是，他又跑到食堂，向负责人求情，希望能在这里打一份工，而报酬就只是免费的一日三餐。打这以后，他又像个家庭主妇一样，每次开饭，围上围裙，手拿铁盆，细心地收拾餐具，擦干净桌椅。一开始，他还有点难为情，总是千方百计躲避熟人，但慢慢地也就习惯了。

三年多的时间，他硬是靠着扫楼道、送牛奶、食堂打杂、做家教以及奖学金，以优异的成绩完成了学业，并被学校评为"励志之星"，即将毕业的时候，有多家大公司主动来到学校"抢"他。如今，他已经在一家大型企业当上了副总经理。

回想起他父母在他即将成年时下的"最后通牒"，他至今仍备感亲切并充满感谢。

自食其力，多么简单、朴素的道理，但又有几个父母做得到，又有几个人愿意自食其力呢？如果一个人能够尽早懂得在人格上自尊独立的道理，就会形成一种无形的压力和紧迫感，并将之转化为一种动力，迫使自己不断地去学习、去进步，从而获得谋生的真本事。虽然这个过程可能有点痛苦，有点孤独，但却是成长的必要。

幸福与美好固然可爱，然而苦难与坎坷亦不可憎。如今太平盛世，春风浩荡，享乐不尽。又有谁不喜欢这无尽的欢乐呢？相比先辈们，我们这一代人是幸运的，但在这幸运之中是否该有些忧患意识呢？不要让时代宠坏了我们，不要让自己越发地脆弱。苦难中的奋斗也许是孤独无助的，但却能够锻造我们的意志品质和精神力量。

在人生的关键阶段，那些"逼迫"我们成长、成熟的人，才是真正为我们前途着想、真正爱护我们的人。如果他们不向我们发出自食其力的"最后通牒"，那么早晚复杂的社会也会向我们发出更为严苛的"最后通牒"。道理很简单，没有人可以替你支撑一生，你的一生只能由自己负责，而且是负全责。

Chapter 2
一个人的日子，实在无需楚楚可怜

　　一个人的时光里，让自己成为自己世界的建造者，让坚强成为一种习惯。日子一久，真的就没有什么了不得的事情可以难倒我们，即使有时我们会手忙脚乱，即使有时会磕磕绊绊，但当我们准备好以后，自然就会有面对事情该有的把握。

一个人，不一定是单身

很多时候，很多人都会产生一种被抛弃的错觉，因而感到孤单，感到无奈，感到无助，感觉阳光骤然间失去了往昔的温暖，感觉阴云在不断蔓延，感到天地间一片昏暗……恍惚间，仿佛一切将离自己远去，于是独自蜷缩在黑暗的角落，品尝"寂寞梧桐深院锁清秋"的孤寂，任泪水在心中长流……然而，这一切或许只是因为我们太过悲观。

有时你觉得自己已然被生活、被这个世界抛弃，其实并没有，因为这个世界处处弥漫着温暖，这一切足以融化你冰封的心。

一个在孤儿院长大的男孩讲述着他的故事：

我自幼便失去了双亲。九岁时，我进了伦敦附近的一所孤儿院。这里与其说是孤儿院，不如说是监狱。白天，我们必须工作14小时，有时在花园，有时在厨房，有时在田野。日复一日，生活上没有任何调剂，一年中仅有一个休息日，那就是圣诞节。在这一天，每个人还可以分到一个甜橘，以欢庆基督的降世。

这就是一切，没有香甜的食物，没有玩具，甚至连仅有的甜橘，也唯有一整年没犯错的孩子才能得到。

这圣诞节的甜橘就是我们整年的盼望。

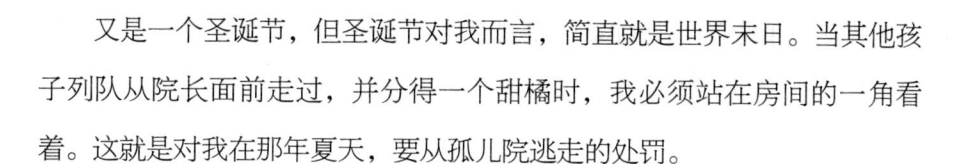

Chapter 2　一个人的日子，实在无需楚楚可怜

又是一个圣诞节，但圣诞节对我而言，简直就是世界末日。当其他孩子列队从院长面前走过，并分得一个甜橘时，我必须站在房间的一角看着。这就是对我在那年夏天，要从孤儿院逃走的处罚。

礼物分完以后，孩子们可以到院中玩耍；但我必须回到房间，并且整天都得躺在床上。我心里是那么悲哀，我感到无比羞愧，我吞声饮泣，觉得活着毫无意义！

这时，我听到房间有脚步声，一只手拉开了我蜷缩其下的盖被。我抬头一看，一个名叫维立的小男孩站在我的床前，他右手拿着一个甜橘，向我递来。我疑惑不解——哪多出的一个甜橘呢？看看维立，再看看甜橘，我真得被搞糊涂了，这其中必定暗藏玄机。

突然，我了解了，这甜橘已经去了皮，当我再近些看时，便全明白了，我的泪水盈眶而出。我伸手去接，发现自己必须好好地捏紧，否则这甜橘就会一瓣瓣散落。

原来，有十个孩子在院中商量并最后决定——让我也能有一个甜橘过圣诞节。

就这样，他们每人剥下一瓣橘子，再小心组合成一个新的、好看的、圆圆的甜橘。这个甜橘是我一生中得到的最好的圣诞礼物，它让我领会到了真诚、可贵的友情。重点在于，那些同伴并不愿意让这个"坏孩子"受到惩罚。

有时候，你感觉全世界都抛弃了你，可它并没有，它不会抛弃任何人，只是你，不愿接受这个世界。

一个人，不一定是孤独的，还有很多人关心着你，想想父母，他们没有抛弃你，抚养你直到你长大，想想考试的时候他们对你叮嘱，想想第

23

一次出远门时他们的不放心,想想他们在你第一次跌倒时不是马上把你扶起,而是鼓励你自己爬起来,太多太多要感谢的事情了。

何必在意谁把谁遗忘

偶尔与友人把盏,你的所言、所想大部分人都不爱听,于是你成了游离于人群之外的那类人,你感觉他们很肤浅,他们也对你很不满。你并非有意为之,别人却对你一笑置之。只有无奈地慨叹着"我被人忘记了,还是我忘记了人呢?"一种"我遗弃了人群而又感到被人群所遗弃的悲哀"流连心间。

其实,阳春白雪,曲高必和寡,不然这世间贤人怎会寥寥无几。古语有云:"高处不胜寒。起舞弄清影,何似在人间。"阳春之曲岂是人人都可和之。他人不解未必是你的错。

魏晋嵇康,竹林七贤之一。他抚琴赴死,从此后《广陵散》便失之于世。嵇康的诗,很多都是气势极磅礴的。如《兄秀才公穆军赠诗十九首》中的"双鸾匿景曜,戢翼太山崖。抗首漱朝露,晞阳振羽仪。长鸣戏云中,时下息兰池"等句,又如《四言诗》中的"羽化华岳。超游清霄。云盖习习。六龙飘飘。左配椒桂。右缀兰苕。凌阳赞路。王子奉辂。婉娈名山。真人是要。齐物养生。与道逍遥"等句,嵇康是在以一种大姿态俯瞰

Chapter 2　一个人的日子，实在无需楚楚可怜

众生，这样的气魄之下，一个人最容易产生的就是"众人皆醉我独醒，众人皆浊我独清"、"曲高和寡"的孤独。

"习习谷风，吹我素琴。咬咬黄鸟，顾俦弄音。感寤驰情，思我所钦。心之忧矣，永啸长吟。"——一个孤独的形象，有素琴，却只能与清风抚；有清音，却只能与黄鸟鸣。非无人愿与之相伴，而是无人相知，无人相与和！"虽有好音，谁与清歌？虽有姝颜，谁与华发？""结友集灵岳，弹琴登清歌。有能从此者，古人何足多？"曲高和寡的背后有，是对知音者的向往。嵇康明白自己想要的，也知道他想要的并不那么容易得到。他自顾自地喝着、唱着，孤独着。

太傅钟繇之子颖川钟会慕嵇康之名，邀集当时的贤俊之士，拜访嵇康。嵇康"扬锤不缀"、"傍若无人"、"不交以言"，客观地说，非常傲慢无礼。

钟会面子上挂不住，终于选择离去。

嵇康说出了中国史上最傲的一句话："何所闻而来？何所见而去？"与其说是询问，不如说是以一种"居高临下"的口气在质问。

嵇康孤，因为知己者寥寥；嵇康傲，因为在精神上有绝对的自由。或许在嵇康看来，钟会与自己根本不是一路人，像钟会这般汲汲于名利的人，又怎么会明白精神自由与超越的乐趣呢？

留下"闻所闻而来，见所见而去"的回答后，钟会悻悻然离去。

嵇康曲高和寡，能称之为知己者不过"竹林七贤"等寥寥数人而已。而在此之中，也只有陈留阮籍能与嵇康比肩而论。

一曲广陵赴乾坤，曲高和寡仍高歌。嵇康之凌厉不羁，旷逸傲岸，一生励志勤学，崇自然、尚养生，惊才通博，临终鼓琴神思仙念《广陵散》，

一曲绝弦，葬了半生漂泊，闻者其谁，契者其谁？凄咽处，语凝噎，慨听弦断音亦绝。

众人皆入梦，唯我独向隅！究竟是我被人忘记了，还是我忘记了别人，都不重要，重要的是你的心在向往着什么。鸟中有大鹏，鱼中有大鲲。大鹏振翅起，扶摇直上九万里，那些篱笆间跳跃的家雀，又岂知大鹏眼中的天高地阔呢？鲲鱼晨由昆仑发，午达渤海湾，夜停孟诸湖，那些只会在水塘中穿梭的小鱼，又怎知大鲲心里的江阔海深呢？如嵇康者，他们美好的思想和行为都超出于一般人之上，那些寻常人又怎么可能理解他的所作所为呢？

唯其可遇何需求？蹴而与之岂不羞？果有才华能出众，当仁不让莫低头！当所有的喧嚣都离你远去，只有你，独自沉浸在孤独中，冥想着、净化着，你又何须去在意究竟是谁忘记了谁？

无人知己，也无须遗憾

知音自古难觅。古往今来，多少高山隐士、文人墨客、王侯将相，或独钓寒江，或登高长啸，或对月慢饮，或邀影成诗，喟叹："人生得一知己，足矣！"一个"足矣"，更是道出了无尽的遗憾与无奈。也正因如此，"高山流水"的佳话才会在世间经久流传。孤独是一种无奈的选择，因为没有找到合适的同行者。然而，叹便叹了，憾也憾了，却不必刻意去寻找一个知己。因为，生命的常态是孤独。

我们孤独而来，一无所有，有几人能与人结伴同来？我们孤独而去，独走黄泉，又有几人能与人相约结伴而去。然而我们又常说，自己害怕孤独。其实，我们害怕的是寂寞。

寂寞与孤独是很容易被人们混淆的概念，其实这是对生命的两种不同感受。孤独是沉醉在自己世界的一种独处，所以，孤独的人表现出来的是一种圆融的高贵。而寂寞是迫于无奈的虚无，是一种无所适从的可怜。

排解寂寞很容易，如今的社交网络如此发达，有太多的方法排解寂寞，一旦热闹起来，寂寞这种表象的、浅层次的心灵缺失也就解了。而孤独则不同，孤独是那种纵然你被众星捧月，依然会心中寥寥，甚至更为孤独的感受。欲语还休，难以言清。

于是，便有了"举杯邀明月，对影成三人"，便有了"驿外断桥边，寂寞开无主"，那是一种感叹于知己难寻的落寞。然而，心灵上能互懂的毕竟没有几人。即便终了一生，或可相遇，或者就是无缘。

所以，不必刻意去寻找，有些东西奢求不来。纵然是同枕共眠的夫妻，血浓于水的父子兄弟，在精神层次上也未必能够完美契合。至于朋友间的一言九鼎、肝胆相照，也只是情义上的深度，若说知己，恐怕未必。知己之难得，令人发指。人于茫茫尘世中，若能寻得一二在某一点上有共同之识，彼此赏识，相得益彰的朋友，已是人生一大幸事。

譬如你喜欢读书，得一有相同爱好的书友，彼此借阅，互论心得，诗清词雅，相互切磋，此人生一喜也。又如你爱那杯中之物，得一好此道者，酒量不相上下，酒品犹佳，有了空闲便在一起浅酌慢饮，高谈阔论，纵横天下，指点江山，岂不也是人生一幸事？又何必非求他知己知心？

其实每人都有孤独感，喧嚣中的人，内心可能是孤独的，这种孤独是与生俱来的，有人多些有人少些，但内心都渴望被安抚理解。如果得不到，不必去强求。你身边的人，他们的言行你不认同很正常，他们不理解你也很正常。每个人都是独立自由的个体，有各自的想法与思考，你能做的就是求同存异。精神层次上的东西，不能相容也就罢了。你还可以享受属于自己的那份孤独，它会让你的心静下来，去做关于生命的思考。

如果在这个世界里，你不能找到那么一个人，想着同样的事情，怀着相似的频率，在某站孤独的出口，等待着与你相遇，那么，学会享受你的孤独时光。求知己、觅知音，是一种非常美好的追求，可人生总是遗憾重重。生命中能得一二知己当然是一大幸事，但能在缺憾的人生中，学会孤独地享受人生之乐，才是智慧的人生观。

没人懂你，没有关系

多年以前，他和她偶然邂逅，彼此相识，从一见倾心到无话不谈。

"你有什么爱好吗？"她问。

"文学，你呢？"他说。

"真的吗？我也是。那你喜欢看什么书？"

"《红楼梦》。"

"太巧了，我也是！"

他们的身影，时而重合，时而平行。

相处了一年以后，他和她来到了彼此相识的地方，路灯下，把他们相反方向的身影拉得很长。

"你觉得林黛玉这个人好吗？"他问。

"她玉洁冰清，对爱情忠贞不渝。"她说。

"可是她心胸狭窄，对人太苛刻。"

"你真的是这样认为的吗？"

"是的。"他很认真地回答。

"可我……"

两个身影各奔东西，只留下一片昏黄的灯光。

置身于陌陌红尘中，每一天都有别离，每天也都有相逢。茫茫人海，谁与谁一见倾情，又是谁与谁擦肩而过。所谓朋友，所谓恋人，一转身，也许就是一生背道而驰，一句再见，也许就是这辈子再不相见。所以，不要停在原地，不要傻傻地等，不要呢喃自语"我这个人，为什么你不懂？"

风有风的心情，雨有雨的心声，你的所想怎能人人都懂？你的心声，怎能人人遵从？做好你自己，才是最好的言行。人与人之间的故事，就是一点一滴的缘分凑成，他不懂你，你不懂他，说明彼此的缘分还没水到渠成。

他说你冷面寒霜，其实不知道，你的火热在心中；

他说你淡漠无情，其实不知道，在街角看到那个乞讨的小孩，你的心早已泪如雨下；

他说你自负癫狂，其实不知道，你只是不愿向功利世俗去妥协；

他说你爱得不深，其实不知道，你只是不想万劫不复，只是刚好爱到七八分；

他说你孤僻高深，其实不知道，你只是希望遇到一个真正懂你的人。

也许你与他，就像不同时区的钟，看起来好像在一起滴滴答答，其实大相径庭。你没有走进他那个时区，他就跟随不了你的分分秒秒。你们之间就好像隔了一层薄薄的纱，看似若有若无，实则彼此都看不清。所以他不懂你，你别怪他。

这世上找不到那么多的不离不弃，也没有那么多的理所应当。能珍惜的便珍惜，毕竟，缘分来之不易。但不是所有的错过和失去都不值得原谅，留不住的只是朝露昙花，再美不过刹那芳华。人与人之间，懂了就是懂了，不懂，你再解释，依旧不懂。他不懂你，你别怪他，不是为了显示自己有多么大度，也不是为了显示自己有多么随性，只是要让自己明白，每个人都有一个死角，自己走不出来，别人也闯不进去，我们都习惯把最深沉的秘密放在那里，所以他不懂你，你别怪他。

其实难过的时候，不一定非要有个人陪在身边，宽慰几句，安抚几许。无聊的时候，发个呆，享受一下孤独的时光。不言不语，不卑不屈，让思想升华出来的火花，照亮心里需要照亮的角落，别怪自己，也别怪别人。

我们一直试图找到那些真正懂我们的人，但往往却是天意弄人。或许有一天，我们的努力会被人感知，有人愿意从内心里去了解我们；或许我们的努力一直不能被人感知，他们淡漠了我们的这种追求。无论如何，都要释怀，能被感知自然舒心，不能被感知也要会宽心。

他不懂你，你别怪他。尽自己的心，用自己的情，做最好的自己，就是一种欣慰，无怨无悔。人人都有自己的原则，人人都有自己的活法，你有你的观点，他有他的见解，何必非要把自己的想法强加给别人？你认可的，他未必认同，你理解的，他未必明白，别奢望人人都懂你的心情。如果留恋只能是痛苦，何必对昨天的过往纠缠不休？一壶香茗，一卷书，一剪月光，一人赏，在孤独的日子里，依然可以安然无恙。

你最该取悦的人，是自己

人的本性趋向于寻求他人的赞美和肯定，尤其对于有威望或有控制力的对象（如父母、老师、上司、名人名流等），他们的赞美肯定更加重要。取悦者会沉迷于取悦行为所换得的肯定，这很好解释，如果某件事让人有了愉悦的体会，那他就可能持续做这件事，以便继续维持这种美好的感觉。

但，我们得到的感觉其实并不美好。

为了取悦别人而活着，最终必然丧失真正的自己。只有先取悦自己，做最好的自己，然后才能得到他人的喜欢和尊敬。

一位诗人写了不少的诗，也有了一定的名气，可是，他还有相当一部分诗却没有发表出来，也无人欣赏。为此，诗人很苦恼。

诗人有位朋友，是位禅师。这天，诗人向禅师说了自己的苦恼。禅师笑了，指着窗外一株茂盛的植物说："你看，那是什么花？"诗人看了一眼植物说："夜来香。"禅师说："对，这夜来香只在夜晚开放，所以大家才叫它夜来香。那你知道，夜来香为什么不在白天开花，而在夜晚开花呢？"诗人看了看禅师，摇了摇头。

禅师笑着说："夜晚开花，并无人注意，它开花，只为了取悦自己！"诗人吃了一惊："取悦自己？"禅师笑道："白天开放的花，都是为了引人注目，得到他人的赞赏。而这夜来香，在无人欣赏的情况下，依然开放自己，芳香自己，它只是为了让自己快乐。一个人，难道还不如一种植物？"

禅师看了看诗人又说："许多人，总是把自己快乐的钥匙交给别人，自己所做的一切，都是在做给别人看，让别人来赞赏，仿佛只有这样才能快乐起来。其实，许多时候，我们应该为自己做事。"诗人笑了，他说："我懂了。一个人，不是活给别人看的，而是为自己而活，要做一个有意义的自己。"

禅师笑着点了点头，又说："一个人，只有取悦自己，才能不放弃自己；只有取悦了自己，才能提升自己；只有取悦了自己，才能影响他人。要知道，夜来香夜晚开放，可我们许多人，却都是枕着它的芳香入梦的啊。"

人，如果总是忙着取悦别人，去为别人的期望而生活，就会忽视自己的生活，忽视自己到底喜欢什么、到底想要什么、到底需要什么。最后，已经忽视了自己的存在。可是，你拥有自己的人生，这是你的一项权利，你为什么要放弃？你对自我的放弃，能换来的其实只是更多的蔑视和鄙夷。

所以，别老想着取悦别人，你越在乎别人，就越卑微。只有取悦自己，并让别人来取悦你，才会令你更有价值。一辈子不长，记住：对自己好点。

不要一如既往地忧伤

人的一生不可能永远快乐，也找不到永远的快乐，可也不要一如既往地忧伤。

幸福是游移不定的，上苍并没有让它永驻人间。世界上的一切都瞬息万变，不可能寻索到一种永恒。环顾四周，万变皆生。我们自己也处于变化之中，今日所爱所慕到明朝也荡然无存。因此，要想在今生今世追索到至极的幸福，无异于空想。

"永远快乐"这句话，不但渺茫得不能实现，并且荒谬得不能成立。快乐决不会永久，我们说永远快乐，正好像说四方的圆形、静止的动作同样地自相矛盾。在高兴的时候，我们的生命加添了迅速，增进了油滑。像浮士德那样，我们空对瞬息即逝的时间喊着说"逗留一会儿吧！你太美了！"那有什么用？人生的问题，就在这里——你所留恋的，总是走得很快的，留恋着不肯快走的，偏是你所不留恋的东西。

人生，没有永远的快乐，也没有永远的忧伤。煎熬，无论好与不好，都是平等的。我们不可能一帆风顺，风平浪静，总会经历我们的春夏秋冬，有开心，有失落，有挫折，有成功。

对于快乐，我们希望它来，希望它留，希望它再来——这三句话概括了整个人类努力的历史。然而我们甘愿受骗，甚至希望死后可以有个天堂，那里有永远的快乐。这样说来，人生虽然有痛苦，但并不悲伤，因为它始终有快乐的希望。快活虽然不能持久，我们仍然活得有滋有味，因为我们生活不只是为了快活，还有理想和希望。

诗人食指在《相信未来》中这样写道：当蜘蛛网无情地查封了我的烛台，当灰烬的余烟叹息着贫困的悲哀，我依然固执地铺平失望的灰烬，用美丽的雪花写下：相信未来！

他相信未来，相信命运会给他一个客观的回答，而事实上，多年后生活给了命运多舛的他一个原本属于他的未来。

虽然徐志摩离开很多年了，但他充满浪漫想象和唯美意境的诗文却一直留在人们心里。他在"康桥"求学，写下《再别康桥》；在佛罗伦萨的街巷里散步时创作了《翡冷翠的一夜》；去日本游历，写出《沙扬娜拉》……徐志摩的诗之所以让很多人喜欢，是因为他擅长细腻的心理捕捉、缠绵的情感刻画，表达对爱情、自由、美的追求。很多时候，因为经历了恋爱的破灭，或是追求的理想终不能实现，他的诗歌便用舒缓轻柔的调子，流露出一种惆怅伤感的情绪，让每每读到诗歌的读者心里也多了一丝悲凉的气息。

或许是因为这些承载伤感的诗句写得多了，连徐志摩自己也说过这样的话："生活不是林黛玉，不会因为忧伤而风情万种。"

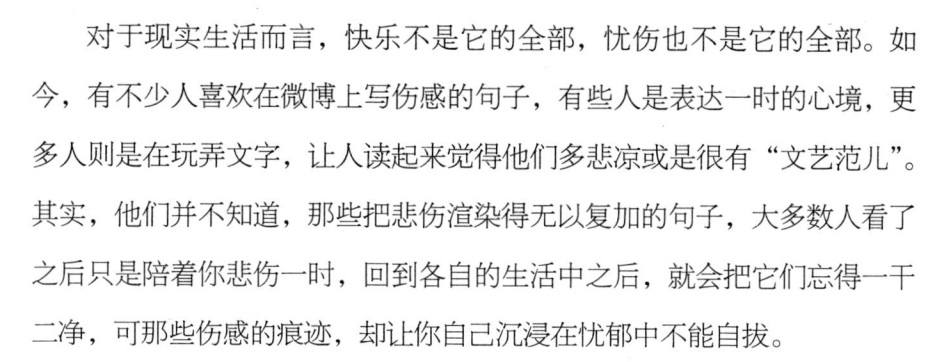

对于现实生活而言，快乐不是它的全部，忧伤也不是它的全部。如今，有不少人喜欢在微博上写伤感的句子，有些人是表达一时的心境，更多人则是在玩弄文字，让人读起来觉得他们多悲凉或是很有"文艺范儿"。其实，他们并不知道，那些把悲伤渲染得无以复加的句子，大多数人看了之后只是陪着你悲伤一时，回到各自的生活中之后，就会把它们忘得一干二净，可那些伤感的痕迹，却让你自己沉浸在忧郁中不能自拔。

然而，我们这个世界，从不会给一个伤心的落伍者颁发奖牌。

其实你能独自面对这一切

自己的人生应当自己把握，无论如何，都不要被生命中的悲欢离合、坎坎坷坷困住。命运对待每个人都很公平，它为你关上一扇门的同时，必然会为你打开一扇窗，能不能让人生充满阳光，就要看我们是躲在阴暗的角落里默默哭泣，还是积极地寻找那扇窗，推开它，迎接阳光。

赵申玉拥有一个称得上完美的家庭：丈夫杨子诺事业有成，儿子杨峰品学兼优，双方父母都身体健康，她自己则在家当一名养尊处优的全职太太。她对自己的生活状态很满意，觉得生活就是这样，已经没有什么遗憾了。

可是上天看不得她享受幸福生活，一场突如其来的变故打碎了她的幸福。

财务部经理卷走了丈夫公司所有的钱，给杨子诺留下了一个烂摊子：没有资金周转，公司已经无法运转；有债务关系的纷纷上门要债，声称不还就诉诸法律。公司陷入了生死两难的境地，杨子诺背负着巨大的压力。

遇到的问题虽困难，可是终会有解决的办法，丈夫杨子诺是个很有能力的人，所以赵申玉并没有很恐慌。可是巨大的压力令杨子诺心脏病突发，他独自一人离开了人世，把所有的担子都压到了赵申玉的身上。

赵申玉一下子蒙了，长期的安逸生活让她不知如何应对这场变故。丈夫的离世、公司的难题，都让她心力交瘁，她甚至想追随丈夫而去。可是看看双鬓斑白的老人，想想还未成年的儿子，她无法撒手西去，她必须挑起这副沉重的担子。她已经想尽办法筹钱，可是这个时候无人伸出援助之手。看着堵住家门的债主，赵申玉苦不堪言。她费尽口舌向众人解释，希望可以多宽限些时日。或许是看在她孤儿寡母的份儿上，众人没有过分地难为她，最后答应给她一些时间让她再想办法。

债务的问题暂时解决了，可公司还是一个烂摊子。没有周转的资金，赵申玉只好把自己的房子做了抵押，用微薄的资金支撑起公司的运作。公司勉强运作起来了，可是人员也快流失光了，大部分人都不愿待在风雨飘摇的公司里，只有少数的几个人留了下来。

因为公司经营停止了一段时间，所以想要恢复以前的运作需要花费很大的精力，而且赵申玉对公司的业务是完全陌生的，所有的东西她都要从头学起。

接下来的日子，赵申玉一边虚心向公司老员工求教，一边照顾老人孩子，高强度的劳作让她疲惫不堪。可是看到渐渐有起色的公司和安稳的家庭，她把所有的苦都咽进肚子里，然后继续努力。

经过两年的艰苦努力，赵申玉还清了所有债务，公司也重新步入了正轨。

此时的赵申玉，已不再是当年的悠闲主妇，而变成了一位坚强、能干的女强人。苦难没有打倒她，反而为她展示了一片新的天地。

离合可以使人成熟，坎坷可以使人脱胎换骨。如果说之前你一直在被动地接受命运，那么从现在起就要主动地创造命运。对于坚强者而言，无论多少悲欢离合、无论多少坎坎坷坷，都不可怕，它们只是幸福的前奏曲。

你若盛开，蝴蝶自来

心若不死，烈火烧过青草地，看看又是一年春风。但有一个至关重要的因素是，当春风再来的时候，你扬起的，是怎样的一张面孔。

Abby 上个星期与久别的姐姐见了面。这次相聚对她来说，有惊，有喜。Abby 与姐姐自幼亲密无间，后来各自嫁人，Abby 来到北京，而姐姐随着姐夫去了国外，自此见面极少，平时只是在电话里、在网络上，相互表达关心和思念。两年前，Abby 的姐姐遭遇了丈夫外遇、离婚、争孩子、争财产一系列狗血得如同电视剧般的变故，然后患病卧床半年，但她从来不愿和 Abby 多说，几次通话，她只字不提，Abby 也不便多问。

见面之前，Abby 心有忐忑，害怕看见姐姐那张美丽的脸被怨恨扭曲，害怕看见曾经那么鲜活明艳的生命被生活侵蚀得满目疮痍。

但当 Abby 见到姐姐的那一刻，心中忧虑随即烟消云散。四十余岁的姐姐，妆容精致，眼神明亮，体态轻盈，着一身休闲便装，长发随意地披散在脑后，与她现在的男朋友十指紧扣，笑语盈盈，缓缓而来。

Abby 衷心地为姐姐感到高兴，这种高兴掺杂了太多的难以说清。

这样甜美的场景，似乎只能发生在情窦初开的少女身上，她们未经世事，所以她们美好如花，澄净如水。

但是现在，她是一个被丈夫无情抛弃，曾在仇恨与痛苦中难以自拔的女人。大家都以为她会凋谢了吧，她会沉没了吧，然而，她从最黑暗的地方穿越而来，依然明艳如花。

试想一下，此时的她，如果面容憔悴，目光呆滞，身材走样，恐怕也没办法与身边的人形成这样一道美丽的风景。然而这些都不是最重要的，最重要的是，如果她的体内是一个饱经摧残后狼狈不堪的灵魂，或者有一个浸淫世俗、变得面目可憎的扭曲人格，即使她保养得再好，身姿婀娜，风韵荡漾，她也享受不到这份等到风景都看透，一起看溪水长流的美好。

就这样，一个四十多岁的女人，经历了人生那么残酷的变故，却再一次像少女一样恋爱了。她，重新活了过来。然而生活中，别说四十多岁，就连很多刚满 30 的女人，都已经面目全非，心如老妪。

生活中的大事小情，耗光了她们的耐心；人生中的种种无奈，剥夺了她们的笑颜。曾经的如花美眷，终没能敌过似水流年，当年温柔甜美的小

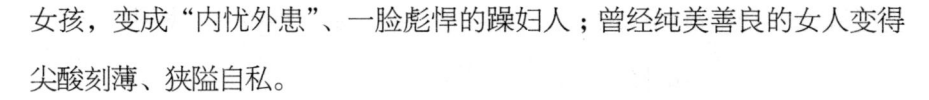

女孩，变成"内忧外患"、一脸彪悍的躁妇人；曾经纯美善良的女人变得尖酸刻薄、狭隘自私。

　　自然也有一些女子，她们把生活的磨砺沉淀成人生智慧，不管尘世几许苦难，不管几经岁月雕琢，她们依旧一脸柔和，秋波似水。她们不是没有遭受伤害，但对人性依然信任，她们不是没有饱尝苦难，但对生活依然热情。她们在职场英姿飒爽，也会把生活经营得有滋有味；她们待人接物高雅大方，就算对自己最亲近的人，也不会如倒垃圾般口无遮拦；她们与孩子平等交流，也与爱人恬静相守。

　　她们就是这样一种美好的存在。这种美好，无关年龄，只在于心。

他们离开了，就离开吧

　　人，都喜欢锦上添花，所以当你一帆风顺、蒸蒸日上的时候，有很多人愿意接近你。

　　人，本性里是趋利避害的，所以当你遇到困难、举步维艰的时候，很多人可能会离开你。

　　如果有人背叛了你，离开了你，不要抱怨，不要责怪人情薄凉。对于曾经接近你的人，我们要感谢，因为他们给我们的"锦上"添了"花"；对于困难时离开的人，我们也要表示感谢，因为正是他们的离开，给我们泼了一盆足以清醒的冷水，让我们在孤独中重新审视自己，发现自己的危机，让我们有了冲破樊篱、更进一步的动力。

陈云鹤与林莹莹相恋五年有余，按照原来的约定，他们本该在今年携手走进婚姻的殿堂，但是，就在婚前不久，林莹莹做了"落跑新娘"，她留下一纸绝情书，与另一个男人去了天涯海角。

了解陈云鹤的人都知道，他与林莹莹之间的爱情九曲十八弯，甚至有些荡气回肠。

陈云鹤英俊帅气、风度翩翩，在香港科技大学完成学业以后，就回到了父亲创办的公司担任部门经理，管理着一个重要部门，由一位追随父亲多年的叔伯专门负责培养他、指导他。他行事果敢，富有创新意识，这个部门在他的管理下越发出色起来。

这个时候，追求他的姑娘、前来提亲的人家简直多得让人眼花缭乱，其中不乏当地的名门名媛，但他一概礼貌地回绝了，却唯独对来自农村的林莹莹情有独钟。

那个时候的林莹莹不但长相甜美，而且思想单纯，相比都市里风花雪月、汲于名利的女人们，她恰似一朵雪莲花不胜寒风的娇羞，这份纯朴的美让陈云鹤十分醉心。

然而，受中国传统门当户对思想的影响，陈云鹤的父母对于这种结合并不认同，陈云鹤为此与家人无数次理论过，甚至愿意为林莹莹放弃现在的一切，只求抱得美人归。在他的坚定坚持下，陈父陈母终于妥协了。

由于林莹莹的身体一直不好，医生建议他们三年之内最好不要结婚，陈云鹤只能把婚期向后推迟。三年来，他一直精心照顾着林莹莹，给了她无微不至的关爱，林莹莹的身体渐渐好了起来。

随后，为了林莹莹的事业，陈云鹤又强忍着心中的寂寞，出资安排她去国外学习企业管理。在这五年多的交往中，可以说一个男人能做的，陈云鹤几乎都做到了。

2007年，受国家货币政策影响，再加上人民币不断升值，陈家的公司受到了很大冲击。很快，公司的利润被压迫在一个很小的空间，后来，干脆成了赔本买卖。无奈之下，陈父只能申请破产。陈云鹤也由一个白马王子变成了失业青年。

任谁也没想到的是，就在陈云鹤最困难的时候，那个他曾给予无数关爱，那个他愿意为之付出一切，那个曾与他海誓山盟的女孩，决绝地提出分手，跟着一个英国男人去国外"发展"了。

公司破产，陈云鹤并没有多么难过，因为他觉得凭自己的能力，有朝一日一定可以帮助父亲东山再起，因为他觉得即便自己变成了一个穷小子，但至少还有一个非常相爱的女朋友。但是现在，他真的觉得自己一无所有了，曾有那么一段时间，陈云鹤非常颓废。

一个人独处的时候，陈云鹤反复问自己："我那么爱她，她为什么在这个时候离开我？！"最后，他不得不接受一个残酷的事实——她太功利了，她不会跟一个身无分文的穷小子过一辈子！究竟是她变了，还是原本就如此，此刻已不重要。重要的是，接下来该做些什么。

冷静之后，陈云鹤意识到，自己必须努力了，否则才是真的一无所有。女友无情的背离也让他对爱情有了新的认知，他懂得了，爱并不是一厢情愿的冲动，有的人并不值得去爱，也不是最终要爱的人，所以放手，放任她离开，但不要带着怨恨，那只会让自己的内心永远不得安歇，为那个不爱自己的人徒留下廉价的伤感而已。

不久之后，陈云鹤找到了父亲的一位老朋友，并以真诚求得了他的资助。用这笔资金，陈云鹤在上海创办了一家投资公司，他又是学习取经，又是请高人管理，公司很快就步入了正轨，现在，陈云鹤又积累了不菲的一笔财富。

在那位叔父的撮合下，陈云鹤又结识了一位从法国留学归来的美丽姑娘，两个人一见钟情，很快确定了恋爱关系，双方的父母也都对彼此非常满意。

如果当初那个女人不离开他，或许陈云鹤就不会有如此大的动力，或许他会出去做一个高级打工者，一样能过日子。但是，她离去了，一段时间内，陈云鹤一无所有，这给了他前所未有的危机感，这种危机感鞭策着他必须去努力，似乎是为了证明些什么，但其实更是为了他自己。

曾经受过伤害的人，在孤独中复苏以后，会活得比以往更开心，因为那些人、那些事让他认清自己，同时也认清了这个世界。如果有人曾经背弃了你，无论他是你的恋人还是朋友，别忘了对他说声"谢谢"，因为正是因为这背离，才让你更坚强，更懂得如何去爱，也更懂得如何保护自己。

Chapter 2　一个人的日子，实在无需楚楚可怜

有些痛，只能留给自己

如果我有一块糖，分给你一半，就有了两个人的甜蜜。如果你我都有一份痛，全部交给我来担，我一个人痛，就足够了。

他和她青梅竹马，自然相爱。

20 岁那年，他应征入伍，她没去送他，她说怕忍不住不让他走，她不想耽误他的前程。

到了部队，不能使用手机，他与她之间更多的是书信来往，鸿雁传情。每一次看到她的信，他都在心里对自己说：等着我，我一定风风光光娶你进门，与子偕老，今生不弃。

三年的时间可以模糊很多东西，却模糊不了他对她的思念。可是突然有一天，她在信中对他说：分手吧！我已经厌倦了这种生活，真的厌倦了！

他不相信，不相信这是真的，他甚至想马上离开部队，回去让她给自己一个解释。可是，那样做就是逃兵啊！

所有的战友都劝他："我们的职责虽然是光荣的，但对于自己的女人来说却是痛苦的。我们让女人等了那么多年，若日后真的荣归故里还好，若不能出人头地，还要让她跟着受苦吗？所以分开了也好。你得看开些，

43

如果实在看不开，等退伍了，兄弟们陪你一起去，向她问个明白。"

退伍那天，他什么都顾不得做，第一时间赶回了家乡，只想快点见到她，问她一句：为什么。可是见到她的那一刻，他彻底心冷了。他不愿相信却又不得不相信，她已嫁做人妻且已为人母。原来，她早忘了他们间的爱情。

然而一个偶然的机会让他发现，原来，他曾经送给她的东西，她一样没丢，至今保存。他找到她，想知道为什么，为什么明明没有忘记他，却嫁给他人。在他苦苦的询问与哀求之下，她终于说出了事情的真相。

原来，有一次她去参加朋友的聚会，喝多了酒，她现在的老公曾经是她的追求者，主动送她回家，就在她家的小区里，他们遇到了一位酒驾的业主，他猛地推开她，她无甚大碍，他却残了一条腿。她说："所以，我宁愿嫁给他，照顾他一辈子。只是没想到这份感情里，伤得最深的还是你。"

他沉默了，没有说话。只是静静地听着，就像听故事一样。

他默默地转身走了，烧毁了她送给他的一切，不是绝情，只是想把她彻底忘记。他知道她心里也有痛，他不能在她的心里再撒盐，这种痛，他一个人来忍受，就足够了。

一段感情的终止也许只是一个误会，但事实已成也便无法挽回。也许对方心里也有痛，只是你当时没有理解，他的心情你无法揣摩。可是事情已成定局，那么剩下的不该是用你最后的勇气去祝福他吗？

把相恋时的狂喜化成披着丧衣的白蝴蝶，让它在记忆里翻飞远去，永不复返，净化心湖。与绝情无关——唯有淡忘，才能在大悲大喜之后炼成牵动人心的平和；唯有遗忘，才能在绚烂已极之后炼出处变不惊的恬然。

自己的爱情应当自己把握，无论是男是女，将爱情封锁在两个人的容器里，摆脱"空气"的影响，说不定更是一种痛苦。

爱你的人如果没有按你所希望的方式来爱你，那并不代表他没有全心全意地爱你。有些时候，爱情里确实存在着迫不得已。如果真的不能执手偕老，那么放开你的手，让他幸福。如果一定要痛，那么一个人痛就够了。

痛过了，就要学会放下

最美的风景不在眼里，而在心里；最好的情怀不在眼下，而是心上。世间的事，争不完，不如放一放；人间的利，占不尽，不如顺其自然。

心灵的内存有限，只好放下过去。释放新的空间，才能装下更多新的美好的东西。放下时的割舍是疼痛的，疼痛过后却是轻松。

某人情感受挫，遭遇朋友的背叛，事业上又遭遇桎梏，他为此忧伤满腹，惶惶不可终日，常借酒精来麻醉自己。

家族中一长者闻之这种情况，主动前来劝慰，但奈何说尽良言，该人始终不为所动，依旧满脸哀愁。最后该人说道：

"您不用再说了，我都明白，但我就是放不下一些人和事。"

长者道："其实，只要你肯，这世间的一切都是可以放下的。"

"有些人和事我就是放不下！"该人似乎有点不耐烦。

长者取来一只茶杯，并递到该人手中，然后向杯内缓缓注入热水。水慢慢升高，最后沿着杯口外溢出来。

该人持杯的手马上被热水烫到，他毫不迟疑地松开了手，杯子应声落地。

长者似在自语："这世间本没有什么放不下的，真的痛了，你自然就会放下。"

该人闻言，似有所悟……

是的，这世间本没有什么是放不下的，真的痛了，你自然就会放下！

在一些人看来，有些事似乎是永远放不下的，但事实上，没有人是不可替代的，没有任何事物是必须紧握不放的，其实我们所需要的仅仅是时间而已。或许有人要问——有没有一种方法，能让人在放下时不会感到疼痛？答案是否定的，因为只有在真正感到痛时，你才会下决心放下。

不要刻意去遗忘，更不要长期沉浸于痛苦之中。

人生短暂，根本不够我们去挥霍，在人生的旅程中，每一段消逝的感情，每一份痛苦的经历，都不过是过客而已，都应该坦然以对。我们所要做的是珍惜现在，做自己喜欢做、自己该做的事情，过好人生中的每一天。

Chapter 3
自己的苦，最终只能自己扛

　　人这辈子，有些事情，只能自己去扛，有些苦涩，只能自己品尝。世上的路，有时，只能一个人走；身体的伤，有时，只能一个人养。你挺住了，扛住了，走过了，养好了，才有后来的成功，才会有后来的难忘记忆。

自己的苦只能自己扛

人生是这样的，要爬过一座座山，迈过一道道的坎，拐过一道道弯，假如我们不能自立，那么你翻不过山、迈不过坎、转不过弯。如果你无法面对这一切，不能抵抗无人帮扶的孤独，而是像祥林嫂一样为自己的遭遇悲悲戚戚，生活就会把你的幸福埋葬。

人生这条路上，再多的苦，只能由自己来扛。

一条小巷，一个女人，一小罐煤气，一张简单的操作平台，凑成了一道独特的风景。

她只卖三样小炒：尖椒肉丝、尖椒牛柳、尖椒炒鸡蛋，菜式单一，顾客却不少。

她很爱干净，每过一会儿就会换一下围裙，换一下袖套；她很雅致，每卖一份小炒，就在装菜的快餐盒里放上一朵自己雕刻的萝卜花。"这样装在盒子里的，才好看。"她说。

也许是冲着她的小摊干净，也许是冲着雅致的萝卜花，也许是冲着她长得好看，每到饭点，她的摊前都围满了人，6~10元一份的小炒，大家都耐心地等待着。女人娴熟地翻炒着，那样子就像一个贤惠的家庭主妇，整个过程都让人感到亲切和美丽。于是，一朵一朵素雅的萝卜花，就开到了人们的饭桌上。

Chapter 3　自己的苦，最终只能自己扛

女人是个有故事的人。她曾经有个富裕的家，老公在市中心的繁华街段开了一间商铺，生意很是不错，她原本的工作就是相夫教子，闲时和姐妹们逛逛街、旅旅游，生活得轻松而惬意。然而很不幸，她的老公因为酒后驾驶出了事故，医院当场就下了病危通知书。女人几乎倾尽所有，赔人家的钱，救自己的老公，最终也只是捡回了男人的半条命——他截肢了。

生活从此一贫如洗。年幼的孩子，瘫痪的男人，女人得一肩扛一个。有人曾劝女人带着孩子离开，这话就连她的老公也曾说过，她很认真地告诉他们，不要再说这样的话，无情无义的事情她做不到。

她不能出去工作，因为朝九晚五的制度让她无法照顾老公和孩子。她长得美丽，有人曾想让她做情人，她严词拒绝了。但一家人总不能就这样活活饿死吧。想了又想，她决定摆摊卖小炒，虽然会很累，虽然会让熟人看不起，但只要中午和傍晚两个饭点出来就可以了，她有更多的时间照顾家里那不能自理的两个人。

老公说，街上那么多家饭店，你这家庭主妇的手艺能卖得出去吗？女人一想，也是，总得有个让人记着的卖点吧？于是她想到了萝卜花，她从小手就巧，以前生活清闲，有大把的时间布置一顿雅致的晚餐，她总喜欢雕萝卜花做装饰。一根根再普通不过的胡萝卜、"心里美"萝卜，到了她的手里，就能开出一朵朵美丽的小花。女人为自己的这个小"创意"，暗自欣喜了一番。

就这样，她的小摊子摆开了，而且很快成了这条街上的一道独特风景。街上的人如果不愿意做菜，自然而然就会想到她的萝卜花。她的生意就这样慢慢红火起来了。有人开玩笑地问女人，这么好的生意，攒了不少钱吧？她笑而不答。

不到两年的光景，女人竟出人意料地盘下了一家临街的饭店，用她积

攒的钱。她在后厨配菜,她的瘫痪男人则在前台管账。她还是那样干净、雅致,所有的菜肴里依然会放上一朵她雕刻的萝卜花。

"菜不但是吃的,也是用来看的。"她说,眼波明亮,流光溢彩。一旁的男人,气色也好,丝毫不见颓废的样子。

女人的饭店,也渐渐出了名,提起萝卜花,大家都知道。

生活也许会让你陷入孤苦无助的低谷,但如果你能用自己的双肩把生活的苦扛起来,低谷中也能盛开美丽的萝卜花。

人,不要习惯地将自己的不幸归责于外界因素,不管外部的环境怎样,怎么活——那还是取决于我们自己。不要总是像祥林嫂一样反复地问自己那个无聊的问题:"怎么会,为什么……"这样的自怨自艾就是在给自己的伤口撒盐,它非但帮不了你,反而会让自己觉得命运非常悲惨,那种沉浸在痛苦中的自我怜悯,对我们没有任何好处。

逆境,不意味着绝境,更何况还能"置之死地而后生"。是生是死,一切都决定于我们自己。谁能直面人生的惨淡,敢于正视鲜血的淋漓,那么所有的一切对他来说,不过就是一场挫折游戏。

世界不相信眼泪

生存竞争的存在,就注定了世界不相信眼泪,更不会同情弱者,优胜劣汰是每一个人都必须认同的运行规则。如果你扛不住生存的压力,你就没法生存下去。

生存的世界不相信眼泪，也不会一直同情弱者，人的命运要靠自己掌握。

一个乞丐来到一家家装公司，这个乞丐很可怜，他的左手连同整条手臂断掉了，空空的袖子逛晃着，让人看了很难过，谁碰到都会慷慨施舍的，可是这家公司的女经理毫不客气地指着门前一堆刚卸下的装潢材料说："你帮我把这些东西搬到后面的仓库吧！"

乞丐很生气："我只有一只手，你还忍心叫我搬？不愿给就不给，何必捉弄人呢？"

女经理一言不发，走到那堆装潢材料前，弯下腰，用一只手拎起捆绑带，搬了一趟，然后看着乞丐说："它们并不重，并不是非要两只手才行，我做得到，你为什么做不到？"乞丐愣了一下，用异样的目光看着女经理，尖突的喉结像一枚橄榄上下滑动了两下，终于他开始搬那堆装潢材料了。他整整搬了一上午才搬完，累得气喘吁吁，脸上满是汗水。女经理递过来一条毛巾以及100元钱，乞丐接过来，很感激地说："谢谢您！"女经理说："你不必谢我，这是你的劳动所得。"乞丐说："我不会忘记您的，这条毛巾就送给我做个纪念吧！"说完，他深深地鞠了一躬，转身走了。

若干年后，一个很体面的人来到这家家装公司。他西装革履，气度不凡，跟那些自信的成功人士一模一样，美中不足的是，他只有一只手，右边是一条空空的衣袖，一荡一荡的。他对着已有些老态的女经理鞠了一躬，说："如果没有您，我还是一个乞丐，而现在我是一家上市公司的董事长了。"独臂人拿出一张100万元的支票要送给女经理，女经理却拒绝了。她说："我不能接受你的馈赠。""为什么？""因为我有两只手啊。"独臂人一再坚持："夫人，是您让我知道了什么叫人，什么叫人格，这100

万只是你教育我应得的报酬。"女经理笑了："那你把这钱送给连一只手都没有的人吧！"

人的命运要靠自己掌握，你对生活笑，生活也会对你笑。相反，如果你想以弱者的姿态博取同情，而不是靠自己的努力去争取，救世主也无法赋予你更高品质的生活；如果你哭着抱怨生存的艰难，而不能让自己持续改善，救世主也望尘莫及。当然，社会还是会给愿意通过努力奋斗来赢取未来美好生活的人们以机会，但这机会也是我们自己修炼得来的，并不是恩赐。

奔跑吧，没有伞的孩子

你是一个没有雨伞的孩子，下大雨的时候，人家可以撑着伞慢慢走，但是你必须奔跑……是的，你只有努力奔跑，否则怎么办？

你不能躲起来等雨停，因为雨停了或许天也就黑了，那时候你的路会更难走；你没有办法等待雨伞，因为你没有雨伞，也没有人会给你送伞。所以，你只能选择奔跑，而且是努力奔跑，玩儿了命似的奔跑，因为跑得越快，被淋得就越少。

有人说："为什么要跑，难道跑前面就没有雨了吗？既然都是在雨中，我又为什么要浪费力气去跑呢？"是的，即使跑得再快，也会被淋湿，但这是一个态度的问题。努力奔跑的人可能会得到更好的结果，那就是衣服只湿了一点点，并不影响继续穿，而且可以继续他的社会活动；而不愿奔跑的人，被淋透的可能性是百分之百。这就是二者的不同——奔跑的人还有机遇，不愿奔跑的人则注定悲剧。

当父亲叹着气，颤抖着手将四处求借来的 4533 元递来的那一刻，他清楚地明白交完 4100 元的学费、杂费，这一学期属于他自由支配的费用就只有 433 元了！他也清楚，老迈的父亲已经尽了全力，再也无法给予他更多。

"爹，你放心吧，儿子还有一双手，一双腿呢。"

强抑着辛酸，他笑着安慰完父亲，转身走向那条弯弯的山路。转身的刹那，有泪流出。

穿着那双半新的胶鞋，走完 120 里山路，再花上 68 块钱坐车，终点就是他梦寐以求的大学。到了学校，扣除车费，交上学费，他的手里仅剩下可怜的 365 块钱。五个月，三百多块，应该如何分配才能熬过这一学期？看着身边那些脖子上挂着 MP4，穿着时尚品牌的同学来来往往，笑着冲他打招呼，他也跟着笑，只是无人知道，他的心里正泪水汹涌。

饭，只吃两顿，每顿控制在两块钱以内，这是他给自己拟定的最低开销。可即便这样，也无法维持到期末。思来想去，他一狠心，跑到手机店花 150 块买了一部旧手机，除了能打能接听外，仅有短信功能。

第二天学校的各个宣传栏里便贴出了一张张手写的小广告："你需要代理服务吗？如果你不想去买饭、打开水、交纳话费，请拨打电话告诉我，我会在最短的时间内为你服务。校内代理每次 1 元，校外 1 公里内代理每次 2 元。"

小广告一出，他的手机几乎成了最繁忙的"热线"。

当天下午，一位同学打来电话，让他去校外的一家外卖快餐店，买一份 15 元标准的快餐。他挂断电话，一阵风似的去了。来回没用上十分钟。这也太快了！那位同学当即掏出 20 块钱，递给他。他找回三块。因为事先说好的，出校门，代理费两元。做生意嘛，无论大小都要讲信用。就冲这效率、这信用，各个寝室只要有采购的事，总会想到他。

能有如此火爆的生意，的确出乎他的意料。有时一下课，手机一打开，里面便堆满了各种各样要求代理的信息。随着知名度的提高，他的生意越来越好，只要顾客有需求，他总会提供最快捷最优质的服务。

仿佛是一转眼，第一学期就在他不停地奔跑中结束了。

寒假回家，老父亲还在为他的学费发愁，他却掏出 1000 块钱塞到父亲的手里："爹，虽然你没有给我一个富裕的家，可你给了我一双善于奔跑的双腿。凭着这双腿，我一定能'跑'完大学，跑出个名堂来！"

转过年，他不再单兵作战，而是招了几个家境不好的朋友，为全校甚至外校的顾客做代理。代理范围也不断扩大，慢慢地，从零零碎碎的生活用品扩展到电脑配件、电子产品。等这一学期跑下来，他不仅购置了电脑，在网络上拥有了庞大的顾客群，还被一家大商场选中，做起了校园总代理。

奔跑，奔跑，不停地奔跑，他一路跑向了成功。

在现实生活中，绝大多数人如你我一样，都是没有伞却刚好碰到大雨的孩子，我们都很平凡，一如我们的父母一样，平凡到这个世界简直感觉不到我们的存在，那不是我们低调，而是我们没有高调的资本。所以我们必须学会奔跑，原因很简单，物竞天择，适者生存，强者生存，弱者被淘汰。

每个没有伞的孩子都应该跑起来，因为这意味着：勇敢面对，接受挑战，努力争取，无所畏惧，没有后悔，没有抱怨，心中充满理想，充满希望，懂得为自己创造机会。而你今天的努力，将决定你明天的生活和成就。

想穿新鞋就自己去争取

人生没有如果，很多事情轮不到我们选择，但我们可以依靠自己的努力去争取不一样的结果，让自己更有尊严地活在这个世界上。生活大抵是公平的，它不会让一直奋斗的人一无所获，山谷里的野百合也有春天，我们的生命再卑微也有在阳光下舒展的时候。

圣诞节前夕，已经晚上11点多了，街上熙熙攘攘的人群稀疏了许多，偶尔还有匆匆忙忙往家赶的人，穿行在霓虹灯俯视下浓浓的节日氛围里。新的一年又要来了！

"感谢上帝，今天的生意真不错！"忙碌了一天的史密斯夫妇送走了最后一位来鞋店里购物的顾客后由衷地感叹道。透过通明的灯火，可以清晰地看到夫妻二人眉宇间那锁不住的激动与喜悦。

打烊的时间到了，史密斯夫人开始熟练地做着店内的清扫工作，史密斯先生则走向门口，准备去搬早晨卸下的门板。他突然在一个盛放着各式鞋子的玻璃橱前停了下来——透过玻璃，他发现了一双孩子的眼睛。

史密斯先生急忙走过去看个仔细：这是一个捡煤屑的穷小子，约摸八九岁光景，衣衫褴褛且很单薄，冻得通红的脚上穿着一双极不合适的大鞋子，满是煤灰的鞋子上早已"千疮百孔"。他看到史密斯先生走近了自己，目光便从橱子里做工精美的鞋子上移开，盯着这位鞋店老板，眼睛里饱含着一种莫名的希冀。

史密斯先生俯下身来和蔼地搭讪道："圣诞快乐，我亲爱的孩子，请问我能帮你什么忙吗？"男孩并不作声，眼睛又开始转向橱子里擦拭得锃亮的鞋子，好半天才应道："我在乞求上帝赐给我一双合适的鞋子，先生，您能帮我把这个愿望转告给他吗？"正在收拾东西的史密斯夫人这时也走了过来，她先是把这个孩子上下打量了一番，然后把丈夫拉到一边说："这孩子蛮可怜的，还是答应他的要求吧？"史密斯先生却摇了摇头，不以为然地说："不，他需要的不是一双鞋子，亲爱的，请你把橱子里最好的棉袜拿来一双，然后再端来一盆温水，好吗？"史密斯夫人满脸疑惑地走开了。

史密斯先生很快回到孩子身边，告诉男孩说："恭喜你，孩子，我已经把你的想法告诉了上帝，马上就会有答案了。"孩子的脸上这时开始漾起兴奋的笑窝。

水端来了，史密斯先生搬了张小凳子示意孩子坐下，然后脱去男孩脚上那双布满尘垢的鞋子，他把男孩冻得发紫的双脚放进温水里，揉搓着，并语重心长地说："孩子，真对不起，你要一双鞋子的要求，上帝没有答应你，他讲，不能给你一双鞋子，而应当给你一双袜子。"男孩脸上的笑容突然僵住了，失望的眼神充满不解。

史密斯先生急忙补充说："别急，孩子，你听我把话说明白，我们每个人都会对心中的上帝有所乞求，但是，他不可能给予我们现成的好事，就像在我们生命的果园里，每个人都追求果实累累，但是上帝只能给我们

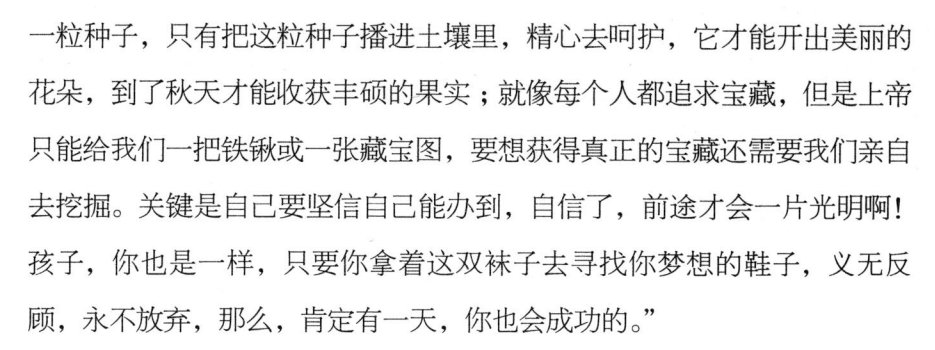

一粒种子，只有把这粒种子播进土壤里，精心去呵护，它才能开出美丽的花朵，到了秋天才能收获丰硕的果实；就像每个人都追求宝藏，但是上帝只能给我们一把铁锹或一张藏宝图，要想获得真正的宝藏还需要我们亲自去挖掘。关键是自己要坚信自己能办到，自信了，前途才会一片光明啊！孩子，你也是一样，只要你拿着这双袜子去寻找你梦想的鞋子，义无反顾，永不放弃，那么，肯定有一天，你也会成功的。"

脚洗好了，男孩若有所悟地从史密斯夫妇手中接过"上帝"赐予他的袜子，像是接住了一份使命，迈出了店门。他向前走了几步，又回头望了望这家鞋店，史密斯夫妇正向他挥手："记住上帝的话，孩子！你会成功的，我们等着你的好消息！"男孩一边点着头，一边迈着轻快的步子消失在夜的深处。

一晃三十多年过去了，又是一个圣诞节，年逾古稀的史密斯夫妇早晨一开门，就收到了一封陌生人的来信，信中写道：

尊敬的先生和夫人：您还记得三十多年前那个圣诞节前夜，那个捡煤屑的小伙子吗？他当时乞求上帝赐予他一双鞋子，但是上帝没有给他鞋子，而是别有用心地送了他一番比黄金还贵重的话和一双袜子。正是这样一双袜子激活了他生命的自信与不屈！这样的帮助比任何同情的施舍都重要，给人一双袜子，让他自己去寻找梦想的鞋子，这是你们的伟大智慧。衷心地感谢你们，善良而智慧的先生和夫人，他拿着你们给的袜子已经找到了对他而言最宝贵的鞋子——他当上了美国的第一位共和党总统。

我就是那个穷小子。

这封信的署名是——亚伯拉罕·林肯。

所有来自外界的赐予必然日渐远离，你必须学着为自己建造一座避难所，那是生活中需要随时准备的，不要当风雨来临之际，一无所有地伫立在漫天的风雨里，将心灵的衣裳打湿，将自我淋漓的心沮丧在无边的、潮湿的深渊里。下雨的时候，我们不必寄希望于别人能够送把伞来，要学会编织自己的人生遮雨伞，当你闯过风雨、跨过泥泞，前途便是一片光明，而这一切，都在自我的辛勤创造中。

把生命的缺陷活成圆满

生活中总是这样，上天残酷地紧闭一道门的时候，只要你努力，就会悄悄地敞开另一扇窗，关键在于，你肯不肯去推开它，迎接生命中的曙光。

在东北吉林有一个袖珍姑娘，她出生时因为母亲难产患上了生长激素缺乏症，后来，因为骨骺闭合，她的身高最终停留在了1.16米，但就算如此，也未能阻止她不断追逐自己梦想的高度。这个姑娘，心理上没有丝毫自卑，除了身高，你看不出她与正常人有什么两样，甚至，她比那些人高马大、四肢健全却一身软骨头瘫做烂泥的人，看上去还要高端大气上档次很多。

其实，一般袖珍人在成长过程中所遭遇的问题和困扰，她都经历过，只是她都能以乐观坚强的性格——克服。

因为身高的原因，求学时她就遇到了很多困难，入学、升学、考试等各种问题，甚至大学都是站着上完的，但她仍然靠自己的努力顺利通过了英语专业八级的考试，并顺利毕业。

作为长春师范院校英语专业的学生，当老师是她最大的梦想，然而1.16米的身高注定了她与这份深爱的职业无缘。接下来的每一次招聘会，她都会被无情地伤害，尽管她的英语口语和文字都比较好，但用人单位只要一看到她的身高，就都会将她拒之门外。那时节，她家周围一些有残疾的、从事卖报纸、修汽车等工作的朋友曾想帮她找一份类似的工作，都被她婉言谢绝了，不是看不起这样的工作，只是她觉得放弃这么多年的所学，真的不甘心。她仍坚持着跑招聘会，后来，长春市一家制药企业终于被她坚强的信念所感动了，他们向她伸出了橄榄枝，与她签订协议聘请其担当英语翻译。

得到了稳定的工作，她开始有计划地去实现自己的梦想，她的梦想有很多，大多与袖珍人有关。这个坚强且博爱的姑娘深知自己的遗憾已经无法弥补，但她不想让更多的袖珍人再留下遗憾，于是经过不懈地努力，"全国矮小人士联谊会"在她的推动下成立了，目前已在全国各地初具规模，在收获事业的同时，她也在联谊会里收获了自己的爱情。

2011年，这个袖珍姑娘身穿白纱挽着自己的爱人步入了神圣的婚姻殿堂，这在早些年是她从没想到能够实现的梦想。

婚礼上，三十多名苏浙沪的袖珍人带着对这对新人的祝福来到现场。"我们也希望能像他们一样幸福，找到可以相伴一生的人！"多名"袖珍姑娘"沉浸在喜悦中。婚礼现场更感人的一幕是，来自全国各地的99名袖珍朋友隔空发来了对新人的祝福视频。从"中国达人秀"走出来的"袖珍明星"朱洁和秦学仕也来到现场，献上了一曲《甜蜜蜜》，祝福新人婚姻甜蜜，生活美满。中国红十字基金会项目管理部副部长周魁庆代表中国红基会赠送了礼物，更带来"成长天使基金"的"爱心天使"佟大为、关悦夫妇的视频祝福。

这个全国知名的袖珍才女叫作逯家蕊,她的微博标签是"袖珍女孩、水晶人生"。

我们追求美,我们追求完美。然而,那断臂的维纳斯令我们心醉,那种因残缺而更显美丽的魅力震撼人心。

一个人,即使身有残疾,也不应该失去意志,应该更努力去实现人生的价值。一个人,只有心里的火焰被点燃,才能实现自己人生的意义,如果消沉,放任自流,那无疑是令自己有缺憾的生命雪上加霜。今生,不论你能走多远,不论生命给你的是馈赠还是缺憾,请爱你的心灵,别让它沾染人世的黑暗,别让它因为受苦而不再充满活力。

许多事你无力回天,许多缺失你无法挽回,但自卑、自怜无济于事。你唯一能让自己解脱的,是选择爱自己的心灵,让你的心完美。也许你没有财富,也许你没有幸福的家庭,也许你没有亮丽的容颜,也许你天生就有残疾,但是,谁说你不能令自己快乐呢?

自弃才是生命中最大的残疾

自甘堕落的人总认为自己是最不可救药的瘫痪者,这是人所能达到的最深的残废。因为他们不能自救,所以谁也救不了他们。

英国某报纸刊登了一张查尔斯王子与一位流浪汉的合影。这个面容憔悴、精神萎靡的流浪汉不是别人，他是查尔斯王子曾经的校友克鲁伯·哈鲁多。在一个寒冷的冬天，查尔斯王子拜访伦敦的穷人时，这个流浪汉突然说道："王子，我们曾经在同一所学校读书。""那是什么时候？"查尔斯王子反问道。流浪汉回答："在山丘小屋的高等小学，我们还曾经互相取笑彼此的大耳朵呢！"

原来，这个名叫克鲁伯·哈鲁多的流浪汉曾经有个显赫的家世，他的祖辈、父辈都是英国知名的金融家，他年幼时的确与查尔斯王子就读于同一所贵族学校。后来，他成了一个声誉不错的作家，并加入了英国成功者俱乐部。直到这个时候，应该说克鲁伯·哈鲁多都是让很多人羡慕嫉妒恨的。那么他为何会落魄到今天这个境地？原来，在遭遇两度婚姻失败后，克鲁伯开始酗酒，最后由一名作家变成了流浪汉。但事实上，克鲁伯是被失败的婚姻打败的吗？显然不是，打败他的俨然就是他的心态，从他放弃积极正面心态的那一刻起，他就已经输掉了自己的人生。

很多人就像这个流浪汉一样，不是被挫折打败，而是让自己毁于心态。如果你的内心认为自己失败了，那你就永远地失败了。诺尔曼·文森特·皮尔说："确信自己被打败了，而且长时间有这种失败感，那失败可能变成事实。"而如果你不承认失败，只是认为是人生一时的挫折，那你就会有成功的一天。

事实上，从根本上决定我们生命质量的并不是金钱、不是权力、不是家世，甚至不是知识、不是学历，也不是能力，而就是心态！一个健全的心态比100种智慧更有力量。一个且歌且行，朝着自己目标永远前进的人，整个世界都会给他让路。

除了自己，没人能赶你到绝地

人生是一个在摸索中前进的过程，既然是摸索，就免不了有失误，免不了要受挫折，事实上，没有人能够不受到一丝严寒、不受一丝风霜地走完人生。只不过，在相同的景况下，人们不同的心态决定了各自的人生幸福与不幸。

有个商人因为经营不善而欠下一大笔债务，由于无力偿还，感觉自己承受的压力无比沉重。在债权人频频催讨下，精神几乎崩溃了，他因此萌生了结束生命的念头。

于是，他抱着那样的念头，独自去到亲戚的农庄拜访，心里打算在仅有的时间里，享受最后的恬静生活。

当时，正值八月瓜熟时节，田里飘出的阵阵瓜香吸引了他。守着瓜田的老人见他到来，便热情地摘了几个瓜果，请他品尝。不过，心情仍然低落的他，一点享用的心情也没有，但是又无法拒绝老人家的好意，便礼貌地吃了半个，并随口赞美了几句。

老人家听到赞扬，显得异常欣喜，于是他开始如数家珍地向商人诉说起自己种植瓜果所付出的心血与辛苦。

老人家仔细地诉说种瓜的过程："四月播种，五月锄草，六月除虫，七月守护……"

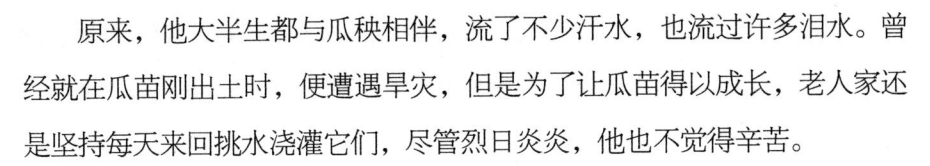

原来，他大半生都与瓜秧相伴，流了不少汗水，也流过许多泪水。曾经就在瓜苗刚出土时，便遭遇旱灾，但是为了让瓜苗得以成长，老人家还是坚持每天来回挑水浇灌它们，尽管烈日炎炎，他也不觉得辛苦。

又有一年，就在正要收获时，一场冰雹来袭，打碎了丰美的瓜果，也打碎了他的丰收梦；还有，有一年金黄花朵开得相当茂盛，然而，一场洪水却让一切都泡了汤……

老人乐观而坚定地说："人和老天爷打交道，少不了要吃些苦头或受点气，但是，只要你能低下头，咬紧牙，挺一挺也就过去了。因为，最后瓜果收获时，仍然全部都是我们自己的。"

老人又指着缠绕树身的藤蔓，对着忧郁而绝望的商人说："你看，这藤蔓虽然看上去活得轻松，但是它却是一辈子都无法抬头呢！只要风一吹，它就弯了，因为它不愿靠自己的力量活下去。"

这番话让商人忽然醒悟了过来，他吃完手中剩下的半个瓜果，在瓜棚下的椅子上放了200元，以示感激，翌日便迈着坚定的步伐离开了农庄。

几年后，他在城市里重新崛起，并且成为同行业的龙头企业。

当我们备受生活压迫时，一定不要轻易就低头认输，微笑着，去唱生活的歌谣。不要抱怨生活给予了太多的磨难，不必抱怨生命中有太多的曲折。大海如果失去了巨浪的翻滚，就会失去雄浑，沙漠如果失去了飞沙的狂舞，就会失去壮观，人生如果仅去求得两点一线的一帆风顺，生命也就失去了存在的魅力。微笑着弹奏从容的弦乐，去面对挫折，去接受幸福，去品味孤独，去战胜忧伤。以豁达淡泊、顺应自然的心态，来面对人生的种种无常变化，将痛苦忧伤的情绪降到最低点，于每一分、每一秒中都充满喜悦、满足，内心一片安宁，没有任何不满、怀疑、抱怨在心头。

人们常说，风雨过后，面前会是鸥翔鱼游的天水一色；荆棘过后，面前会是铺满鲜花的康庄大道。既然如此，我们还有什么理由"放大人生的痛苦"呢？

所有的一切都能应付过去

有多少次困难临头，开始以为是灭顶之灾，感到恐惧，受到打击，似乎无法逃脱，胆战心惊。然而，突然间我们的雄心被激起，内在力量被唤醒，结果化险为夷，一场虚惊。一个真正坚强的人，不管什么样的打击降临，都能够从容应对，临危不乱。当暴风雨来临，软弱的人屈服了，而真正坚强的人镇定自若，胸有成竹。

埃尔文的父亲生病时已经是年近七十了，仗着他曾经是加州的拳击冠军，有着硬朗的身子，才一直挺了过来。

那天，吃罢晚饭，父亲把埃尔文他们召到自己的房间。他一阵接一阵地咳嗽，脸色苍白。他艰难地扫了每个人一眼，缓缓地说："那是在一次全州冠军对抗赛上，对手是个人高马大的黑人拳击手，而我个子矮小，一次次被对方击倒，牙齿也出血了。休息时，教练鼓励我说：'史蒂芬，你不痛，你能挺到第12局！'我也说：'不痛。我能应付过去！'我感到自己的身子像一块石头、像一块钢板，对手的拳头击打在我身上发出空洞的声音。跌倒了又爬起来，爬起来又被击倒了，但我终于熬到了第12局。

对手战栗了，我开始了反攻，我是用我的意志在击打，长拳、勾拳，又一记重拳，我的血同他的血混在一起。眼前有无数个影子在晃，我对准中间的那一个狠命地打去……他倒下了，而我终于挺过来了。哦，那是我唯一的一枚金牌。"

说话间，他又咳嗽起来，额上汗珠涔涔而下。他紧握着埃尔文的手，苦涩地一笑："不要紧，才一点点痛，我能应付过去。"

第二天，父亲就过世了。那段日子，正碰上全美经济危机，埃尔文和妻子都先后失业了，经济拮据。

父亲死后，家里境况更加艰难。埃尔文和妻子每天跑出去找工作，晚上回来，总是面对面地摇头，但他们不气馁，互相鼓励说："不要紧，我们会应付过去的。"

如今，当埃尔文和妻子都重新找到了工作，坐在餐桌旁静静地吃着晚餐的时候，他们总要想到父亲，想到父亲的那句话：当我们感到生活艰苦难耐的时候，要咬牙坚持，学会在困境中对自己说："瞧，我能应付过去！"

你必须相信，那么多当时你觉得快要要了你的命的事情，那么多你觉得快要撑不过去的打击，都会慢慢地好起来。就算再慢，只要你愿意努力，它也愿意成为过去。而那些你暂时不能拒绝的、不能挑战的、不能战胜的、不能逆转的，就告诉自己，凡是不能杀死你的，最终都会让你变得更强！

永远都不要让眼睛失去光泽

不管正经历着怎样的挣扎与挑战，或许我们都只有一个选择：虽然痛苦，却依然要快乐，并相信未来。

一夜之间，一场雷电引发的山火烧毁了美丽的"森林庄园"，刚刚从祖父那里继承了这座庄园的哈文陷入了一筹莫展的境地。百年基业，毁于一旦，怎不叫人伤心。

哈文决定倾其所有修复庄园，于是他向银行提交了贷款申请，但银行却无情地拒绝了他。

再也无计可施了，这位年轻的小伙子经受不住打击，闭门不出，眼睛熬出了血丝，他知道自己再也看不见曾经郁郁葱葱的森林了。

一个多月过去了，年已古稀的外祖母获悉此事，意味深长地对哈文说："小伙子，庄园成了废墟并不可怕，可怕的是，你的眼睛失去了光泽，一天一天地老去，一双老去的眼睛，怎么能看得见希望……"

哈文在外祖母的说服下，一个人走出了庄园。

深秋的街道上，落叶凋零一地，一如他零乱的心绪。他漫无目的地闲逛，在一条街道的拐弯处，他看到一家店铺的门前人头攒动，他下意识地走了过去。原来是一些家庭主妇正在排队购买木炭。那一块块木炭忽然让哈文的眼睛一亮，他看到了一丝希望。

在接下来的两个星期里,哈文雇了几名炭工,将庄园里烧焦的树木加工成优质的木炭,分装成1000箱,送到集市上的木炭经销店。

结果,木炭被抢购一空,他因此得到了一笔不菲的收入,然后他用这笔收入购买了一大批新树苗。几年以后,"森林庄园"再度绿意盎然。

一把火可以烧毁的只是一时的希望,即使在一片死灰里同样可能蕴藏着生机,无论面对什么,只要能永远保持一双明亮的眼睛,就意味着处处都有转机。

自己跳出来,否则你将被埋葬

生活,就是要爬过一座座山,迈过一道道的坎,拐过一道道弯,假如我们的心认怂了,翻不过山、迈不过坎、转不过弯,每天就只会为自己的遭遇悲悲戚戚,那么就会陷入人生的枯井,再也跳不出来。

那是你精神上的枯井,没有人能够帮你。

有一头倔强的驴,有一天,这头驴一不小心掉进一口枯井里,无论如何也爬不上来。它的主人很着急,用尽各种方法去救它,可是都失败了。十多个小时过去了,它的主人束手无策,驴则在井里痛苦地哀号着。最后,主人决定放弃救援。

不过驴主人觉得这口井得填起来,以免日后再有其他动物甚至是人发生类似危险。于是,他请来左邻右舍,让大家帮忙把井中的驴子埋了,也正好可以解除驴的痛苦。于是大家开始动手将泥土铲进枯井中。这头驴似乎意识到了接下来要发生的事情，它开始大声悲鸣，不过，很快地，它就平静了下来。驴主人听不到声音，感觉很奇怪，他探头向下看去，井中的景象把他和他的邻居都惊呆了——那头驴子正将落在它身上的泥土抖落一旁，然后站到泥土上面升高自己。就这样，大家继续填井，泥土越堆越高，这头驴很快就升到了井口，只见它用力一跳，就落到了地面上，在大家赞许的目光下，高兴地跑去找它的驴妹妹去了。

如果你陷入精神的枯井中，就会有各种各样的"泥土"倾倒在你身上，假如你不能将它们抖落并踩在脚底，你将面临着被活埋的境地。不要在苦难中哀号，就像参加自己的葬礼一样，如果你还想绝处逢生，就要想方设法让自己从"枯井"中升出来，让那些倒在我们身上的泥土成为成功的垫脚石，而不是我们的坟墓。

人不能陷在痛苦、烦恼的枯井中不能自拔，哪怕就只剩一成跳出去的可能，我们也要奋力一跃。或许就那么一跃，我们就可以逃出生天。记住，痛苦和困难杀不了你，能让你失败的，只有你的心。

Chapter 4
开到荼蘼，不喧哗，自有声

在这个"喧哗"的时代，每个人都在突显自己的声音，每个人都在争分夺秒爬向自己期冀的高度，也有很多人在瞬间失去了生活的态度。当钢筋水泥代替了城市的风景，我们早已忘记了，什么才是君子之道。有的时候，我们的确应该，在别人喧嚣的时候让自己安静。

沉寂，丰厚了生命的积蓄

《圣经》中有这么一段话：人哪！你为何跃跃欲试？你为什么这样急于求成？你要耐得住孤独，因为成功的辉煌就隐藏在孤独的背后。

在《人间词话》里，王国维也曾说："古今之成大事者、大学问者，必经三种境界：第一种境界是'昨夜西风凋碧树。独上高楼，望尽天涯路'；第二种境界是'衣带渐宽终不悔，为伊消得人憔悴'；最后一种境界是'众里寻他千百度，蓦然回首，那人却在灯火阑珊处'。"这三种境界的含义分别是：

第一境界是一个迷茫的阶段："昨夜西风凋碧树。独上高楼，望尽天涯路"。说的是做学问成大事业者，首先要有执着的追求、登高望远、瞰察路径、明确目标与方向和了解事物的概貌。这也是人生寂寞迷茫、独自寻找目标的阶段。

第二境界是一个执着的阶段："衣带渐宽终不悔，为伊消得人憔悴"，作者以此两句来比喻成大事者、大学问者，不是轻而易举就能得到的，必须有着坚定的信念，然后经过一番拼搏奋斗、辛劳努力、坚持不懈，直至人瘦带宽也不后悔的精神，才能取得成功。这也是人生的孤独追求阶段。

第三境界是一个返璞归真的阶段："众里寻他千百度，蓦然回首，那

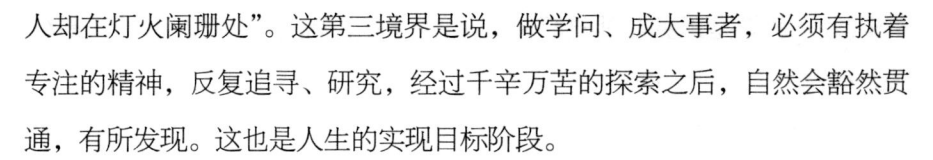

人却在灯火阑珊处"。这第三境界是说，做学问、成大事者，必须有执着专注的精神，反复追寻、研究，经过千辛万苦的探索之后，自然会豁然贯通，有所发现。这也是人生的实现目标阶段。

由此可见，要想获得成功，首先要耐得住孤独，再加上不懈地努力和坚持，才能到达自己追求的境界。耐得住孤独是一个人思想灵魂修养的体现，是难能可贵的一种素质风范。

王国维也曾经徘徊在孤独的旅途中，1912年，他与罗振玉一起去了日本，住在京都的乡下，用了六七年的时间，王国维系统地阅读了罗振玉大云书库的藏书，那段时间，他几乎与世隔绝。正是有了这六七年的孤独，让他最后实现了自己的成功和辉煌。

郭沫若在甲骨文、金文方面的成就，也是得益于他1927年至1937年在日本的十年苦读。如果没有这些年的孤独，他可能真的无法静下心来做研究。

路遥在介绍他的《平凡的世界》的创作过程时，这样写道：无论是汗流浃背的夏天，还是瑟瑟发抖的寒冬，白天黑夜泡在书中，精神状态完全变成一个准备高考的高中生，或者成了一个纯粹的"书呆子"。所以说路遥也曾经孤独过，今天他的灿烂离不开曾经的孤独。孤独之后，才能够实现自己的成功。

孤独有时就像是一盏明灯，当你在灯光底下的时候，你往往感受到的是刺眼的强光，你根本找不到值得你去留恋的东西，因为这缕强光往往会影响到你的心情，如果在这个时候你不知道该怎么走，不妨停下来，在灯光下思索一下，这时你会发现自己前方的路。最终，你会发现自己已经走出了一条属于自己的路，最终也实现了自己的成功。

在这无数孤独而痛苦的黑夜中，成就了无数颗明星，他们都要经历一个阶段,那就是孤独。他们往往会沉浸在孤独中,从而沉淀自己,最终,得到的不仅仅是成功。

百年等待,花开无声,惊艳了谁

旅行家安东尼奥·雷蒙达前往南美探险,当他历尽艰辛登上海拔四千多米的安第斯高原时,被荒凉的草地上一种巨大的草本植物所吸引了。

他马上跑了过去。那植物正在开着花儿,极是壮观,巨大的花穗高达十米,像一座座塔般矗立着。每个花穗之上约有上万朵花,空气中流动着浓郁的香气。雷蒙达走遍世界各地,从来没有见过这样的奇花,他满怀惊叹地绕着这些花细细地观赏。他发现,有的花正在凋谢,而花谢之后,植物便枯萎了!这到底是什么植物?

正当雷蒙达满心疑惑之时,在脚下松软的枯枝败草中,他踩到了一样东西,拾起一看,是一只封闭的铁罐。他撬开铁罐,从中拿出一张羊皮卷来。他小心地展开羊皮卷,上面写着字,虽然有些模糊,他还是细细地看下去。这是一篇旅行日记,日期是70年前,原来曾经有人到过这里,并关注着这种植物。日记中写道:"我被这种植物吸引了,研究许久,不知它们是否会开花儿。经我的判断,它们已经生长了30年了……"雷蒙达极为震惊,难道这种植物要生长100年才会开花儿?

雷蒙达回去以后,将这件事告知了植物学家,植物学家们亲临高原考

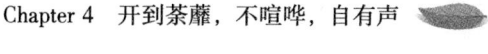

察，得出结论，这是一个新物种，它们的确是100年才开一次花！他们称这种植物为普雅。

用100年的孤独去摇曳一次的美丽，普雅花丰盈了自己的一生，也许并不是为了灿烂世人的眼睛。这样的植物，从萌芽到凋零，都是美丽的！因为，在那百年的历程中，有多少风霜？有多少苦寒？这需要怎样的坚韧？怎样的积蓄？可以说，最后那一刻的绽放，不只是惊世之美，更是对坚守生命价值所做出的最圆满的诠释。

这个世界上，万物都有灿烂一回的时候，这是上苍赐给万物的权利。

人要比普雅花智慧和理性，人想灿烂一回的理想要比普雅花更强烈。但我们却往往承受不了沉淀生命时期的那种孤独，培养不出生命的不屈与坚韧，因而往往潦倒在困难和阻挠上。也许那困难，都是我们自己无形夸大的，那阻挠，其实就是我们自己送给自己的。如果说，我们能用一生一定要美丽一次的心情去经营生活，每个人都会比现在做得更好。

其实，只要我们静下心来，就会发现孤独并不是一件坏事。人，只有在孤独时才能看到平时所看不到的，想到平时所想不到的，收获平时所得不到的。无论是大学者、大演员、大导演，他们的成功都无一例外地经历一个等待、孤独、积累的过程，在这个过程中，可能会出现许多难以承受的事情，但必须坚持，因为只要你还在走，梦想就在不远处。

孤独并不可怕，如果你能够真正地享受到孤独的好处，那么你会发现，在人生的每个阶段都会有这么一段时间是需要孤独来陪伴自己的，因为人生的每个阶段都需要你的思考，彻底平静地思考。要想做到彻底平静，那么就要让自己在孤独的环境中独处，所以不必惧怕孤独。

纵做了孤星，也要照亮银河

这一生，我们赤裸裸地来了，不是我们的选择，我们也无从选择，生与死，皆如此。上帝把这个权利留给了他自己。我们唯一能做的，就是选择怎样活着。

怎样活着才好？这个故事要怎么写，才算不辜负此生？问1000个人，或许会得到1000个答案。其实何须如此烦琐，该来的终究要来，该去的始终无法挽留，如果能够珍惜活着的时间，用有限的生命去创造无限的价值，对于我们的生命而言，就是一种极大的奖励。虽然，这可能会有些孤独。

在人类历史的星空中，有这样两颗星，他们孤独地燃烧着，熄灭了。直到很多年以后，他们的光才达到我们的眼睛……

尼采和梵高就是这两颗星，一颗星照亮了人类思维的空间，一颗星将人类的艺术生活演绎得更加深邃。他们同样出生在偏僻的乡村，从小接受的都是仁爱思想，他们同样的孤独。

1888年是尼采创作的高峰，这一年，他接连写了六本小册子：《偶像的黄昏》《瓦格纳事件》《尼采反对瓦格纳》《敌基督者》《狄奥尼索斯颂歌》《看，那个人！》，但，这时的他籍籍无名。

1888年也是梵高的艺术巅峰，他经典传世的大多数画作都产生于这一年：《向日葵》《开花的果园》《阿尔卑的吊桥》《收获景象》《自画像》，等等，而他同样名不见经传。

1888年，当尼采接近崩溃的时候，世界"发现"了他，第一次，开始有人欣赏他的哲学。

1889年，梵高的生命之火即将熄灭，他的弟弟第一次卖掉了他的画，于是，他也被世界"发现"了。

这两个人，在生命的大部分时间里，同样地不为人知，认识他们的人都叫他们是"疯子"，他们被排斥在人群之外，他们同样都是世纪末的孤独者，却也是新世纪的早生儿！

百年之前，前两位孤独的大师走完了他们短暂的人生，留下的却是灿烂与辉煌。尼采和梵高的个性注定了他们的命运——为了艺术，为了揭示人生，他们孤独地追求自己的梦想。他们那颗不安分的灵魂一直在苦苦追寻着。他们都没有品尝过爱情，没有完整的家庭，没有直接的收入，甚至连朋友都没有，他们的孤独常人难以领悟。而在这世纪末的孤独里，他们又为下个世纪，甚至是后几个世纪的人们点燃了火炬。

或许在常人看来，这两个人的生命里除了艺术只有孤独。但，其实还有爱与激情。真正的爱与激情是最孤独的。正是出于对生命的激情以及爱的理由，尼采在万丈红尘中艰难地跋涉着；也是因为同样的理由，梵高在他色彩斑斓的画作中，呼唤着自由与爱的到来。尼采说过："怀着你的爱和你的窗再到你的孤独里去，很久以后，正义才跛脚跟在你的后面。"

尼采和梵高之所以如此孤独，是"因为他们感到有一条可怕的鸿沟，把他们同一切传统分离来置于恒久的光荣之中"。在盲从的世界中，一个真实的人的孤独，这是一切向传统挑战的思想战士的孤独。他们怎么能够忍受如此的孤独？一切源于他们想要超越自己的信念。尼采和梵高犹如梦游者被唤醒，他们为自己缔造了一个全新的世界。

转眼间，一百多年过去了，百年前的孤独背影越走越远，但是他们的足迹却留在了人们前进的道路上……

生命的意义是什么？不是金钱、不是情欲、不是一切身外之物，而是爱与激情。这是生命真正的幸福快乐之源。虽然有些孤独，但它使我们在实现社会价值和个人价值的同时，超脱了私欲纠缠，进入高贵状态。

孤独与空虚虽然看起来有几分相似，但它们之间并不能画等号。孤独的人，也许很难被人理解和接受，但这并不代表他的生活方式消极而落寞。孤独的人可以寻找到最初想要的本真。经历孤独，他们可以感受到自己的坚强。

当我们学会感受人生的悲喜与无奈，也就更能明白如何改变生活的态度。让自己的心灵小憩在孤独小舟之中，就能享受孤独。如果能够很好地把握孤独，它不仅不会把一个人淹没，反而能够成为我们休息、调整的空间。在那里，我们可以找到不一样的感受，找到心灵的新起点，找回生命中最珍贵的东西。

心若丰盈，是苦亦乐，穷亦乐

孔子说："贤哉，回也！一箪食，一瓢饮，在陋巷，人不堪其忧，回也不改其乐，贤哉，回也！"颜回的物质生活是如此艰苦，他住在贫民窟的一条陋巷中、破了的违章建筑里。每天一竹笼饭，一瓢冷水，一般人处

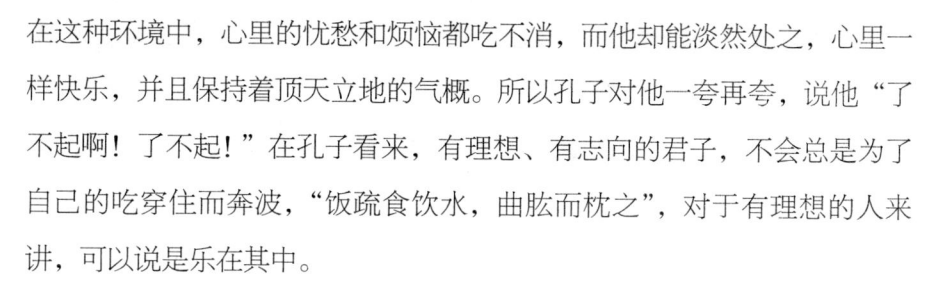

在这种环境中，心里的忧愁和烦恼都吃不消，而他却能淡然处之，心里一样快乐，并且保持着顶天立地的气概。所以孔子对他一夸再夸，说他"了不起啊！了不起！"在孔子看来，有理想、有志向的君子，不会总是为了自己的吃穿住而奔波，"饭疏食饮水，曲肱而枕之"，对于有理想的人来讲，可以说是乐在其中。

一个人的思想，一旦升华到追求崇高理想上去，就能够放宽心境，不为物累，心地无私、无欲，随时随地去享受人生，也就苦亦乐、穷亦乐、困亦乐、危亦乐了！这是没有身临其境的人所难以理解的。真正有修养、高品位的人，他们活得快乐，但所乐也并非那种贫苦生活，而是一种不受物役的"知天"、"乐天"的精神境界。

在贵州边远山区有这样一位辛勤耕耘29年的老师，他爱岗敬业、安贫乐教，凭着对乡村教育事业的热爱、对农村孩子的无私奉献，在偏僻落后的瓮溪镇胜利村扎根安家，几十年如一日，把自己的青春和热血默默奉献给了乡村教育事业，他就是场井小学校长、县级"先进教师"冷应金老师。

高考落榜的他，因家境贫寒，复学无望，同许多农家子弟一样。只得过早地担起农耕。后因场井小学缺教师，他被乡政府推聘到场井小学代课。怀着对家乡的热爱、对教育事业的满腔热情，他在场井这块贫瘠的热土上，一干就是29年。29年的风风雨雨，酸甜苦辣，多少教师来了又走，而他却矢志不渝地耕耘在这片贫瘠的土地上，独享那份"仰不愧天，俯不怍地"和"得天下英才而教育之"的幸福。

有好多人不解："场井这么偏僻、落后，有什么值得留恋的呢？"他却说："场井虽然贫穷，但这里的人淳朴、善良，他们把所有的希望都寄托在孩子身上，我舍不得这些孩子呀！我同样有着一个苦难的童年，同样从贫穷和困苦中走来，是亲朋好友的资助才使我顺利完成了高中学业的。"

从1993年9月开始，他一直既担任场井小学校长，又负责毕业班语文教学工作。场井小学是瓮溪镇的一所较边远山区的村级学校，该校位于瓮溪镇的东北部，东面以跳蹲河为界与石阡县川岩坝隔河相望，离镇政府所在地十公里，交通极为不便，学校条件极其艰苦，加之当地农民普遍外出打工，留守儿童、空巢老人居多，学生入学保学问题尤为突出，使之教学任务极为艰辛。但他只有一个梦想："将场井小学这个'家'建设好。"几十年的风雨兼程，他的理念依旧是那般坚定，无怨无悔。为此，他放弃了参加"财干"招录的机会，也错过了调入瓮溪中学的机遇，始终如一，坚守在这一方贫穷的土地上。

他真诚关爱每一名学生，特别是单亲家庭、贫困家庭的孩子。在学习和生活上，给予孩子们无微不至的关爱。班上同学病了，他会赶紧送去医院；雨天，远路孩子不能回家，他会把孩子们安排在自己家里寄宿；冬天，看到学生冻红了小手，他会带来手套让孩子御寒；对在家不听话的留守儿童，他会利用假日进行家访……

"立足三尺讲台，塑造无悔人生"，这是他工作的座右铭。一个朴实、勤恳、清贫、地道的农家子弟，从站在讲台的第一天起，他就在努力地奋斗着，希望家乡的明天会更美，更希望边远山区的孩子们能更幸福地走出大山，享受更多的阳光雨露。如今，他已两鬓斑白，不再年轻，但他依然笔耕不辍，春晖在他的心头依然闪烁着。

对教育事业的挚爱，成为他人生的精神支柱，他用心中的那份赤诚、那份执着，在大山里耕耘着自己不平凡的事业。他扎根在教育一线，立足在教育基层，对教育事业一往情深、执着追求、不计得失、乐于奉献，深得师生好评、领导的肯定、社会的认同。在付出与回报面前，他认为自己只是边远山村学校里一支燃烧不息的红蜡烛，是播种知识、传承文明的继承人，是大山深处的耕种人。

在追逐欲望的过程中，许多现代人忘了生命中除却物质之外的很多东西。或许，冷老师才真正参悟了人生的真谛。

人应当能够承受物质生活对身心所产生的影响。现实中的"俗人"往往因穷困而潦倒，但聪明的智者，却能随遇而安或穷益志坚，不受任何影响地充分享受人生，并且能做出一番不平凡的事业来。

有句话说："穷到极点，不是衣不蔽体，而是没有表情。"所以，当精神沉沦于物质中，你便沦为了金钱的奴隶；当物质氤氲于精神中，你才是自己的主人。

此心平常，不为物惑，不乱不慌

其实，我们本就很平常——平常的人、平常的生命、过着平常的生活，只是有些时候，我们的心"不平常"了，我们刻意去追求一些虚无的东西，或者说我们把一些无谓的东西看得过重，于是我们开始忧喜交加、若疯若狂。这会让我们的身与心承载过大的负荷，所以多数时候，我们活得很累。而那些悟透人生真谛的人，他们就不会这样，他们总是把心放在平常处，不以物喜，也不以己悲，所以他们活得总是那么恬然。

居里夫人曾两度获得诺贝尔奖，她的人生态度是怎样的呢？得奖出名之后，她照样钻进实验室里，埋头苦干，还把象征成功和荣誉的金质奖章给小女儿当玩具。一些客人眼见此景非常惊讶,而居里夫人却淡然地笑了,她说:"我要让孩子们从小就知道,荣誉就像玩具一样,只能玩玩罢了,绝不能永远地守着它,否则你将一事无成。"

多么精辟的一句话,不管是荣誉还是其他,你若是把它看得太重,一心想着它、念着它,对它的期望过高,那么心就一定会乱。于是出点成绩便沾沾自喜、扬扬自得,受了挫折就垂头丧气、哭天抢地,试想在这样的状态下,我们又怎能安下心做事?所以说,人还是随性一些好,让心中多一点得失随缘的修为,这样,纵使身处逆境,依然能够从容自若,以超然的心情看待苦乐年华,以平常的心情面对一切荣辱,也就是人们常说的"荣辱不惊"。

人生在世,生活中有褒有贬,有誉有毁,有荣有辱,这是人生的寻常际遇,不足为奇。但我们对于这些事情的态度却需要有所注意。有一些人,面对从天而降的灾难,处之泰然,总能使平常和开朗永驻心中;也有一些人面对突变而方寸大乱,甚至一蹶不振,从此浑浑噩噩。为什么受到同样的心理刺激,不同的人会产生如此大的反差呢?原因在于能否保持一颗平常心,荣辱不惊。

著名女作家冰心曾亲笔写下这样一句话:"有了爱就有了一切。"看到这句话,不禁让人感到一种身心的净化,受到一种圣洁灵魂的感染。在冰心的身上,永远看到的是一个人生命力的旺盛,看到的是一颗跳动了近百年的、在思考、在奋斗的年轻、从容的心。有一段时期,冰心老人被要求在中国作协打扫卫生,六十多岁的老人每天早上六点赶车上班。她老了之后,尽管行动不便,也坚持每早起床就大量阅报读刊,了解文坛动态,然后握笔为文,小说、散文、杂文、自传、评论、序跋,无所不写。在遗嘱里她还写下了这样的句子:"我悄悄地来到这个世上,也愿意悄悄地离去。"

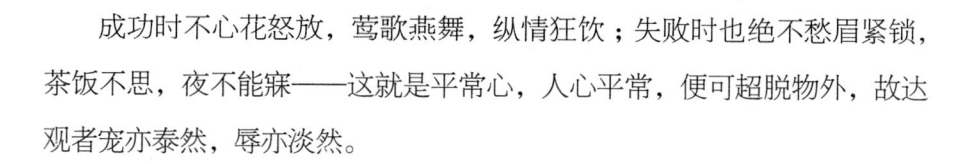

成功时不心花怒放，莺歌燕舞，纵情狂饮；失败时也绝不愁眉紧锁，茶饭不思，夜不能寐——这就是平常心，人心平常，便可超脱物外，故达观者宠亦泰然，辱亦淡然。

在热闹中怀一抹淡泊情怀

人性太过软弱，常经不起喧嚣尘世的折磨。于是我们之中有些人贪恋富贵，遂被富贵折磨得寝食难安；有些人沉迷酒色，从此陷入酒池肉林，日益沉沦；有些人追逐名利，致使心灵被套上名缰利锁，面容骤变，一脸奴相……试想，倘若我们心中能够多一些淡泊，能够参透"人闲桂花落，夜静春山空。月出惊山鸟，时鸣春涧中"的意境，是不是就能在宁静中得到升华，抛弃尘滓，让心从此变得清澈剔透？

这是不言而喻的，你看那古今圣贤，哪个不是以"淡泊、宁静"为修身之道？在他们看来，做人，唯有心地干净，方可博古通今，学习圣贤的美德。若非如此，每见好的行为就偷偷地用来满足自己的私欲，听到一句好话就借以来掩盖自己的缺点，这是不能领悟人生大境界的。

近期，读了林怀民的《跟云门去流浪》、赖声川的《赖声川的创意学》以及蔡志忠的《漫画天才学习法》。

这三个人可能大家不是很熟悉。

林怀民，被誉为融东西方舞蹈、舞台剧于一炉的第一人；赖声川的舞台剧则以不断推陈出新广受赞誉；蔡志中的漫画将先贤的智慧从晦涩的古文中释放出来，以轻松幽默的方式展现给读者，可以说是传承古文化的一大功臣。

你去细品他们的作品就会发现，这三个人有一个共通点：他们都懂得："静心"。

林怀民将太极和静坐编入了舞者的日常训练课程；赖声川发现了创意来自生活的经验和静心的修炼；蔡志忠在创作过程中不知不觉被佛、道两家的思想所熏陶，由此境界不断提升。

可以说，这些人的成功，都源于他们突破了世俗和自我的框框。

读书修学，在于安于贫寒心地安宁。美文佳作，却是人间真情。心地无瑕，犹如璞玉，不用雕琢，而性情如水，不用矫饰，却馥郁芬芳。读书寂寞，文章贫寒，不用人家夸赞溢美，却尽得天机妙味，体理自然。

可见，淡泊的意境并非遥不可及，重点在于认清淡泊的真义。对于淡泊的错误解读有两种，一种是躲避人生，一种是不求作为，前者消极避世、废弃生活之根本，却冠冕堂皇地冠以淡泊之名，淡泊由此成了一种美丽的托辞；后者将淡泊与庸碌相提并论，扭曲真意，于是淡泊不幸沦为不求上进、不求作为的借口，实在亵渎这种超脱的意境。

其实淡泊并非单纯地安贫乐道。淡泊实为一种傲岸，其间更是蕴藏着平和。为人若能淡看名利得失，摆脱世俗纷扰，则身无羁勒，心无尘杂，由此志向才能明确和坚定，不会被外物所扰。

淡泊不是人生的目标，而是人生的态度。为人一世，自然要志存高远，但处世的态度则应尽量从容平淡，谦虚低调，荣辱不惊，在日常的积累中使人生走向丰富。当人生达到一定高度时，再回归平淡，盛时常做衰时想，超脱物累，与白云共游。

淡泊宁静所求的是心灵的洁净，禅意盎然。莲池大师在《竹窗随笔》有云："尔来不得明心见心性，皆由忙乱覆却本体耳；古人云，静见真如性，又云性水澄清，心珠自现，岂虚语哉。"由此可见，淡泊生于心的宁静，倘若内心焦躁，即便我们有心修行淡泊的境界，亦是枉然，更别提淡泊明志、宁静致远了。相反，倘若我们内心宁静，就不会流连于市井之中，不会被声色犬马扰乱心智。心中宁静，则智慧升华，我们的灵魂亦会因智慧得到自由和永恒。

不管世界多么热闹，热闹永远只占据世界的一小部分，热闹之外的世界无边无际，那里有着"我"的位置，一个安静的位置。这就好像在海边，有人弄潮，有人嬉水，有人拾贝壳，有人聚在一起高谈阔论，而"我"不妨找一个安静的角落独自坐着。是的，一个角落——在无边无际的大海边，哪里找不到这样一个角落呢——但"我"看到的却是整个大海，也许比那些热闹地聚玩的人看得更加完整。正是，"养心一涧水，习静四围山"。

人穷德馨，匮乏却活得坦然

贫穷的生活本身，的确不值得刻意颂扬，可身处清贫中，仍然心高洁，就会散发出人性的光芒；富贵生活本身也不是什么坏事，可富而忘本、为富不仁，无论如何也不能称之为"高贵"。

人,最大的愚昧和悲哀,莫过于在自己营造的文明中迷失而不自知。

贫与富,并不仅仅由物质来衡定,而是取决于心,物质之富,有时人力实在不能左右,但至少可以守住心中的一份傲然与清朗。

台湾著名男演员、剧作家、导演金士杰早年带领一群热爱戏剧的演员刚创办兰陵剧团时可谓一穷二白。1979年,在舞台剧几乎处于荒漠的台湾,兰陵剧团出现了。金士杰和团里的所有演员都是白天做苦力,晚上排练创作,零酬劳演出。这个剧团的成立没花什么钱,但也没赚一分钱。于是就有朋友关心金士杰怎么生存:你总有三餐不继的时候,总有付房租的时候,那时你怎么对付?

金士杰的生存方式很独特。

金士杰有个朋友家境很好。有次金士杰去她家里做客,吃饭时,他吃着吃着就感叹起来:"桌上菜这么多,都很好吃。你们平常都这样吃吗?每次吃不完怎么办?"朋友答:"还能怎么办呢,该倒就倒掉。"

金士杰顿时两眼放光:"那让我来替你们做一个义务的食客怎么样?"朋友拍掌说:"很好,欢迎欢迎!"

金士杰却一本正经地说:"你先别着急欢迎。我们先把条件说清楚:第一,我不定时来,但我来之前会先打电话问清楚你家有没有剩饭、方不方便,有且方便的话,我就来;第二,我来只吃剩饭,等你们家人全部吃饱撤了,确定摆的都是剩饭剩菜我才开吃,而且,不可以因为我来就故意加一个菜,那样就算犯规;第三,我吃剩菜剩饭的时候旁边不可以站着人,因为他(她)一旦和我打招呼,我就得很客气地回应,这样客套来客套去我就没办法当专业食客了;第四,吃完之后我要很干净利落地走,不可以有人跟我说再见,如果非得这样客套的话,我心里就会有负担,那样下次我就不来了。总结一句话:我要完全没有负担地当一名剩菜剩饭的食客。"

朋友听完他的话觉得很逗，当场就答应了所有条件。此后，金士杰果真好几次去朋友家当食客，吃得非常开心。他还幻想着：我要有 30 个这样的朋友，一个月就能过得蛮富足。

抱着这样的心态过苦日子，金士杰带领剧团一路坚持下来。第一次演出，他们还是没有钱。离他们不远的地方有个大礼堂搁置着没用，他们就把那里打扫出来当舞台；没服装，他们就各自掏腰包买一套功夫裤穿在身上；没灯光，他们就各自从家里搬来一两个打麻将用的麻将灯，再加长电线，往插板上一插，灯就亮了；没东西化妆，他们就素颜上场；没有人宣传，他们就自己拿来纸笔，涂涂画画，一张大海报就贴到了台湾师范大学的门口。

一切准备就绪。演出那天，观众席只坐了二三十人，人不多，但大部分人都是台北文化界的精英。他们看完演出之后对金士杰这样说："台北市等你们这群人等了很久了，你们终于来了。你们要演下去，拜托你们一定要演下去！"

金士杰带领大家照做了。历经一年多的非正式演出，兰陵剧团终于走上正式的舞台。1978 年，金士杰编导的《荷珠新配》参加了台湾第一届"实验剧展"，首演一炮而红。一时间，兰陵剧团声名大噪，金士杰也一跃成为台湾现代剧场的领军人物之一。

多年之后金士杰将当年自己当"专业食客"的事情说给一堆人听。说完之后他感慨："我说这些事，除了好玩，除了说明我的脸皮厚以外，还有个很重要的原因，我觉得，我们的这种穷完全不需要自卑，不需要脸红，因为我深深知道我们在做什么——我们把我们的头脑、智慧、创作拿出来献给社会，以至于我们没有工夫赚钱。我们是在做很重要的事情，所以，从某种意义上来说，我们这个穷不是穷，而是富，不是缺，而是足。"

人，应该平静地面对生活给予的一切，不要让心迷失在纸醉金迷的世界中。因为一旦心灵上有了缺口，那么冷风就会肆无忌惮地在其中来回穿行，让人终生失去温暖，变得孤单而寒冷。

有高贵的心，就算身陷淤泥之中，也能开出不染的莲花。古人说："托钵僧之心始可贵。"包含着对人性终极意义的深刻领悟。那些说"斯是陋室，惟吾德馨"的人，必是高贵之人，他们虽然贫寒，匮乏，却活得坦然，从容，人穷而德馨。

也许，在今天的社会里，要做到这一点很不容易，一般人都无法坦然面对穷富，无法在心理上达到平衡。其实，与充满金钱的生活相比，平淡清贫不存在真正意义上的缺失和悬殊。对一个人来说，最重要的是心灵上的富足与高贵。

真我本性，才是生命原色

凡尘俗世的纷繁芜杂使我们渐染失于心性的杂色。每一次的呈现都多了一点修饰，每一次的语言都少了一分真实。习惯于疲惫地伪装，总以为这样就可以赢得更多，过得更好。蓦然回首，那些希冀着的，仍需希冀，那些渴盼着的，仍需渴盼。唯独改变了的是自己的本性。扪心自问："我是否在意过自己最真实的内心世界？尊重过自己的本性？"心会告诉你那

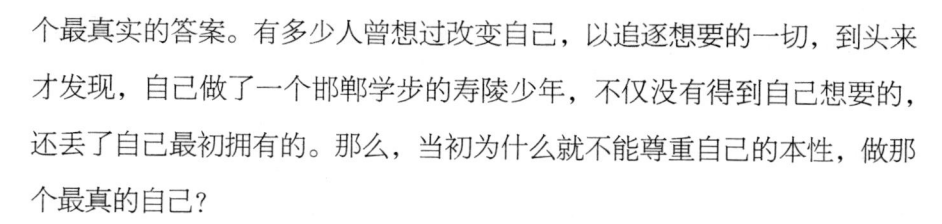

个最真实的答案。有多少人曾想过改变自己，以追逐想要的一切，到头来才发现，自己做了一个邯郸学步的寿陵少年，不仅没有得到自己想要的，还丢了自己最初拥有的。那么，当初为什么就不能尊重自己的本性，做那个最真的自己？

更多的时候，我们总把眼光放在外界，追逐于自己所想的美好事物，常常忽视了自己的本性，在利欲的诱惑中迷失了自己。所以才终日惶惶，患得患失。如果能明白自己的本性，坚守自己的心灵领地，又何必自悔自恼呢？

诗人卞之琳写道："你站在桥上看风景，看风景的人在楼上看你。"带着妻儿到乡间散步，这当然是一道风景；带着情人在歌厅摇曳，也是一种情调；富商大贾静下心来，有时会羡慕那些路灯下对弈的老百姓，可是平民百姓没有一个不期盼来日能出人头地的；拖家带口的人羡慕独身的自在洒脱，独身者却又对儿女绕膝的那种天伦之乐心向往之……

皇帝有皇帝的烦恼，乞儿有乞儿的欢乐。乞儿的朱元璋变成了皇帝，皇帝的溥仪变成了平民，四季交错，风云不定。一幅曾获世界大赛金奖的漫画画出了深意：第一幅是两个鱼缸里对望的鱼，第二幅是两个鱼缸里的鱼相互跃进对方的鱼缸，第三幅和第一幅一模一样，换了鱼缸的鱼又在对望着。

我们常常会羡慕和追求别人的美丽，却忘了尊重自己的本性，稍一受外界的诱惑就可能随波逐流，事实上，每一个人都有自己独有的优点和潜力，只要你能认识到自己的这些优点，并使之充分发挥，你就能成为最好的自己。

王羲之的伯父王导的朋友太尉郗鉴想给女儿择婿。他知道丞相王导家的子弟个个相貌堂堂，于是请门客到王家选婿。王家子弟知道之后，一个个精心修饰，规规矩矩地坐在学堂，看似在读书，心却不知飞到哪儿去了。唯有东边书案上，有一个人与众不同，他还像平常一样很随便，聚精会神地写字，天虽不热，他却热得解开上衣，露出了肚皮，并一边写字一边无拘无束地吃馒头。当门客回去把这些情形如实告知太尉时，太尉一下子就选中了那个不拘小节的王羲之。

之所以这样，是因为太尉认为王羲之是一个敢露真性情的人。他尊重自己的本性，不会因外物的诱惑而屈从盲动，这样的人可成大器。

所以，做人没有必要总是做一个跟从者，一个旁观者，只需知道自己的本性就足可以成为一道风景。不从外物取物，而从内心取心，先树自己，再造一切，这才是你首先要做的。

要怎样做，才算得上优秀

我们很看重成功，但要把成功和财富的关系摆正：有财富可以被视为一种成功，但真正的成功绝不是有财富。成功的含义是：优秀。

没有优秀做条件，成功也只是虚有其表，有些人虽然一时赚得盆丰钵满，但取财不走正路，富贵却不仁慈，这样的人谁会认可他的成功？这样的"成功"也必然不能长久。财富，它对于一个人的生活确实有所帮助，在一定程度上，它确实有助于成功的发展，但如果人的素质不好，它又很容易被毁掉。所以，衡量一个人是否成功的基本条件应该是：是否是一个善良的人、丰富的人、高贵的人。一个人，只有具备了善良和高贵的品质，有同情心，有做人的尊严感，才能够真正被大家所认可。

我们来看看福勒的故事，不是约翰·福勒，而是米勒德·福勒。

同许多美国人一样，米勒德·福勒一直在为一个梦想奋斗，那就是从零开始，然后积累大量的财富和资产。到30岁时，米勒德·福勒已经挣到了上百万美元，他雄心勃勃，想成为千万富翁，而且他也有这个本事。

但问题也来了：他工作得很辛苦，常感到胸痛，而且他也疏远了妻子和两个孩子。他的财富在不断增加，他的婚姻和家庭却岌岌可危。

一天在办公室，米勒德·福勒心脏病突发，而他的妻子在这之前刚刚宣布打算离开他。他开始意识到自己对财富的追求已经耗费了所有他真正珍惜的东西。他打电话给妻子，要求见一面。当他们见面时，两个人都流下了眼泪。他们决定消除破坏生活的东西：他的生意和财富。他们卖掉了所有的东西，包括公司、房子、游艇，然后把所得捐给了教堂、学校和慈善机构。他的朋友都认为他是疯了，但米勒德·福勒却感觉现在比以往任何一个时候都更加清醒。

接下来，米勒德·福勒和妻子开始投身于一项伟大的事业：为无家可归的人们修建"人类家园"。他们的想法非常单纯："每个在晚上困乏的人，至少应该有一个简单体面，并且能支付得起的地方用来休息。"美国前总统卡特夫妇也热情地支持他们，穿工装裤来为"人类家园"助力。

米勒德·福勒曾经的目标是拥有1000万美元的财富，而现在，他的目标是1000万人，甚至要为更多的人建设家园。到目前为止，"人类家园"已在全世界建造了六万多套房子，为超过30万人提供了住房。

一个曾经为财富所困、几乎成为财富奴隶、差点被财富夺走妻子和健康的人，现在，他成了财富的主人。从他放弃物欲转而选择为人类幸福工作的那一刻起,他就进入了世界上最优秀的人的行列。

其实富者无非在某些时候或某些方面抓住了机遇,成为了富人,然而为富不仁、弃贫爱富就是贫困的另一种表现,而这种表现让整个社会都厌恶。以贫富论英雄,是一种狭义的贫富观。中国著名的数学家陈景润算是穷到家了,但是谁又能鄙视陈景润呢?还有历代以来的那些清官、廉官,谁又能说他们无能,而鄙视他们呢?

因此说,不管是富人还是穷人,都应该摆正自己的位置,每个人都有自己的舞台,只要自己正视这点,我们都将是富有的人。

生命,需要一个高贵的理由

富贵的人未必高贵。一个人,倘若醉心于名利,全意羡慕权贵生活,那么他在权贵面前就会媚颜屈膝,他只能是卑微和低下的。反之,一个拥有高贵思想的灵魂,不屈不挠、向往美好,那么起码与那些王侯将相、豪商大贾等价齐身。

权贵不等于高贵,富贵不等于高贵,尊贵不等于高贵,华贵不等于高贵。高贵是一种心灵的状态,是一种思想的境界,它与物质条件和身份地位无关。

拉丁美洲,曾有这么一位总统,他"寒碜"得不行,以至于每次和他一起开会亮相,总让其他国家的总统们坐立不安——因为他从来不带随从，不打领带，穿着十分随意，全身上下居然找不出来一件名牌精品。

他叫何塞·穆希卡，一度被西班牙媒体称为"全球最穷总统"。

穆希卡出身于农民家庭，2009年参选总统，2010年3月就任总统。尽管当时他是"穷苦人的候选人"，但最终他却凭借超过半数的选票当选。

任职总统后，穆希卡拒绝迁入总统官邸。他更拒绝了随行和防弹轿车接送，自己每天开着车龄"二十多岁"的大众甲壳虫上下班。"异类总统"的举动还远远不止这些，周末他还会自己整理一下菜园，带着爱犬出门，看球赛，他担任国会议员的妻子对于外界的不理解坦然一笑，称自己"早已见怪不怪"了。

穆希卡申报的个人财产令人难以置信：首都郊区一栋旧农舍和两块农地、大众甲壳虫、拖拉机，加上银行不到20万美元的存款。穆希卡的清廉，让进进出出都讲究排场的拉美政客们十分汗颜。

不过，就是这样一个"最穷总统"，却成为拉丁美洲最受欢迎的总统——因为他的爱心。

穆希卡上任后就宣布：把月薪的九成捐给游民救助基金。他说："剩下的够我用了，如果有这么多同胞连这数目都赚不到，我怎能说不够呢？"他还表示，将来还要把部分退休金捐出。

对于自己被称为"全球最穷总统"，穆希卡微笑着回应道："我一点也不穷，说我穷的人才是真穷。说我只有几样东西倒也没什么错，但俭朴却使我觉得非常富足。"

对于身居总统要职的穆希卡而言，身价、金钱、荣耀，这些标签可谓招之即来，然而他却将心灵的收获纳入了财富的范畴，用爱心和实际行动，证明了自己对这些身外之物的无动于衷和对心灵富足的追捧。

心灵的富足是一种美，这种美是一种发自内心的快乐，是一种把生命融入诗意的壮举。

高贵的情怀不会来自于一个空乏的头脑,也不可能归属一个粗鄙的心灵,它如兰似茶,素雅端庄,即便苦中也有一缕幽香。

在人的一生中,高贵的理由实在很多,远胜于权位、金钱与美色,如果你不甘俗鄙,不忍沉沦,不落腐朽,那么,就请及时给自己一个高贵的理由。即使疲惫占据你的身心,你依然可以拥有高贵的灵魂,但你需要在思想中寻找,寻找让生命产生高贵的理由。

这辈子,留给世界一个坦然微笑

人的一生不可能完美,但我们可以在最后一刻给世界一个完美的微笑。

如果能够对生与死这个过程释然,那么生命本身就是尊严。因为生与死注定无法避免、无法分割,出生时就确定了死亡的必然。若是生存时不觉得麻烦,将死时亦不觉得悲哀凄苦,这世界便没有什么能够阻止我们进入更高的精神境界。

在非洲,一座火山爆发了,随之而来的泥石流狂泻而下,迅速流向坐落在山脚下不远处的一个小村庄。农舍、良田、树木,一切的一切都没有躲过被冲毁的劫难。

滚滚而来的泥石流惊醒了睡梦中的小女孩,流进屋内的泥石流已上升

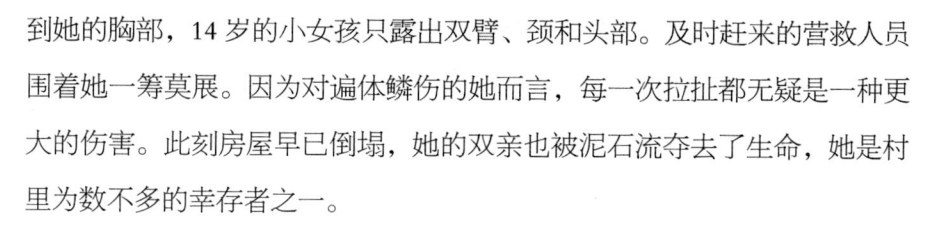

到她的胸部，14岁的小女孩只露出双臂、颈和头部。及时赶来的营救人员围着她一筹莫展。因为对遍体鳞伤的她而言，每一次拉扯都无疑是一种更大的伤害。此刻房屋早已倒塌，她的双亲也被泥石流夺去了生命，她是村里为数不多的幸存者之一。

当记者把摄像机对准她时，她始终没有叫一个"疼"字，而是咬着牙微笑着，不停地向营救人员挥手致谢，两臂做出表示胜利的"V"字形。她坚信政府派来的营救人员一定能够救她。可是，营救人员倾尽全力也没能从固若金汤的泥石流中救出她。小女孩始终微笑着挥着手一点一点地被泥石流淹没。

在生命的最后一刻，她脸上流露着微笑，手臂一直保持着"V"字形。那一刻仿佛漫长如一个世纪，在场的人含泪目睹了这庄严而又悲惨的一幕。世界静极，只见灵魂独舞。

同样是个未成年的孩子。13岁的意大利少年马里奥乘上了一艘开往马耳他岛的巨轮。在船上，马里奥结识了一个好同伴，这个女孩子跟马里奥年龄差不多，只不过个子比马里奥高了一点儿。通过聊天马里奥得知，原来这个女孩子叫克莉泰，跟他一样都失去了父母，是来投奔亲人的。深夜，可怕的风暴来了，甲板的东西都被卷走，船底也经受不住拍打，破裂了。水汹涌地灌了进来，船就要沉了，乘客们都惊慌失措，跑到甲板上号啕大哭。

一半的乘客都跳入了救生艇，可是只有一艘小艇，上面已经坐满了人，只能再容纳一个小孩子。毫无疑问，克莉泰和马里奥都十分想下去，在这危急关头，眼看小艇离船越来越远，马里奥将机会让给了女孩，女孩跳入小艇，得救了。大船即将沉没，但马里奥面对死亡反而露出了微笑。

同样是花一样的年纪，还未来得及真正地享受人生，可他们在面对死亡时却表现出大多数成年人所不能及的一面，这缘于他们高贵的信念与精神。其实，在生命边缘常常蕴含着震撼世界的力量，让人生所有的苦难如轻烟般飘散，那种不屈的灵魂在苦难中微笑，绽放着超脱一切的坚强。这就是死亡的尊严。

很多人死不瞑目，弥留之际才知道人生充满了遗憾；有些人死时很坦然，因为他们知道这是生命的必然，更因为他们觉得自己此生无憾；也有一些人，因为些许小事草草结束了自己的一生，将伤心、疑惑留给了活着的人，这是对生命的不尊重……但无论最终你因什么而死，或许你控制不了它的到来，但你可以控制自己对于它的态度。不舍情有可原，但不要让人生充满悔恨，最起码在生命的终端，我们应该留给活着的人一个坦然的微笑。

Chapter 5
天冷的时候,自己温暖自己

　　这个世界,只有回不去的,没有过不去的,与自己为难,那是傻瓜才干的事情。所以亲爱的自己,从现在起,为了自己好好地活着,好好爱自己。亲爱的自己,你有一万个理由要对别人好,却没有一个理由要求别人对你好,所以与其等着别人来爱你,不如自己努力爱自己。

生命的颜色，取决于你心的颜色

快乐与不快乐完全取决于我们对于生活和人生的态度。

同样一个甜甜圈，在有些人眼中，因为它是甜甜圈，所以会觉得可口，所以感觉很开心；而在另外一些人眼中，因为它中间缺了一个洞，就会觉得遗憾而变得不开心。所以，快乐与不快乐完全是由我们自己决定的，而真正的快乐是从心底流出的。

有两个一起长大的女孩子因为特殊原因失去了父母，后来都被来自欧洲的外交官家庭所收养。两个人都上过世界上有名的学校。但她们两个人之间却存在着不小的差别：其中一个三十多岁就成了女强人，经营着一家颇有名气的企业；而另一个在国内某所学校任教，待遇不错，但她一直觉得自己很失败。

那年，在欧洲经商的女人回国了，邀请亲友邻居一起吃饭，也包括在国内任教的那个朋友。晚餐在寒暄中开场，大家谈论着这些年各自的发展变化以及所经历的趣闻轶事。随着话题的一步步展开，教师开始越来越多地讲述自己的不幸：她是一个如何可怜的孤儿，又如何被欧洲来的父母领养到遥远的地方，她觉得自己是如何的孤独。她怀着一腔报国的热忱回国，又是如何不受重视等。

开始的时候，大家都表现出了同情。随着她的怨气越来越重，那位经商的女人终于忍不住制止了她的叙述："可以了！你一直在讲自己多么不幸。你有没有想过，如果你的养父母当初在成百上千个孤儿中挑了别人又会怎样？"教师直视着她的朋友——那个经商的女人说："你不知道，我不开心的根源在于……"然后接着描述她所遭遇的不公正待遇。

最终，经商的女人说："我不敢相信你还在这么想！我记得自己25岁的时候无法忍受周围的世界，我恨周围的每一件事，我恨周围的每一个人，好像所有的人都在和我作对似的。我很伤心无奈，也很沮丧。我那时的想法和你现在的想法一样，我们都有足够的理由抱怨。"她越说越激动，"我劝你不要再这样对待自己了！想一想你有多幸运，你不必像真正的孤儿那样度过悲惨的一生，实际上你接受了非常好的教育。你负有帮助别人脱离贫困旋涡的责任，而不是找一堆自怨自艾的借口把自己围起来。在我摆脱了顾影自怜，同时意识到自己究竟有多幸运之后，我才获得了现在的成功！"

那位教师深受震动。这是第一次有人否定她的想法，打断她的凄苦回忆，而这回忆曾是多么容易引起他人的同情。

在不同人的眼中，世界也会变得不同。其实星星还是那颗星星，世界依然是那个世界。你用欣赏的眼光去看，就会发现很多美丽的风景；你带着满腹怨气去看，你就会觉得世界一无是处。

有句话说得好，"凡墙都是门"，即使你面前的墙将你封堵得密不透风，你也依然可以把它视作你的一种出路。琐碎的日常生活中，每天都会有很多事情发生，如果你一直沉溺在已经发生的事情中，不停地抱怨，不断地指责，总觉得别人都比你过得好，总觉得生活错待了自己。这样下去，你的心境就会越来越沮丧。一直只懂得抱怨的人，注定会活在迷离混沌的状态中，看不见前头亮着一片明朗的人生天空。

自找的烦恼，也只有自己能解决

人生还会有太多的东西可以让你寝食难安，愁眉不展吗？很多的东西都是人人想要的，为此，世事纷争、你恨我怨，但有几人可以如愿？为何不开释自己的心灵，无私无欲？为何不让自己跳出心灵的圈子，卸下包袱，心境恬静一点？

不要幻想生活总是那么圆圆满满，也不要幻想在生活的四季中享受所有的春天，每个人的一生都注定要跋涉沟沟坎坎，品尝苦涩与无奈，经历挫折与失意。

洒脱一点，得失存乎于世，弃之于心，人生难免看尽落英缤纷，风华早谢。停留与驻足不应该是你人生失意时的选择，抬眼望天，太阳永远光彩夺目，月亮永远以暗夜做幕。生活不可求全责备，披着阳光的色彩前行，生活才会有光明照耀。细细想来，其实你完全可以很快乐，就像这个烦恼少年的经历一样。

有一天，他来到一个山脚下，只见一片绿草丛中，一位牧童骑在牛背上，吹着悠扬的横笛，逍遥自在。

烦恼少年看到了很奇怪，走上前去询问："你能教给我解脱烦恼之法么？"

"解脱烦恼？嘻嘻！你学我吧，骑在牛背上，笛子一吹，什么烦恼也没有。"牧童说。

烦恼少年试了一下，没什么改变，他还是不快乐。

于是他又继续寻找。走啊走啊，不觉来到一条河边。岸上垂柳成阴，一位老翁坐在柳荫下，手持一根钓竿，正在垂钓。他神情怡然，自得其乐。

烦恼少年又走上前问老翁："请问老翁，您能赐我解脱烦恼的方法么？"

老翁看了一眼忧郁的少年，慢声慢气地说："来吧，孩子，跟我一起钓鱼，保管你没有烦恼。"

烦恼少年试了试，不灵。

于是，他又继续寻找。不久，他路遇两位在路边石板上下棋的老人，他们怡然自得，烦恼少年又走上前去寻求解脱之法。

"喔，可怜的孩子，你继续向前走吧，前面有一座方寸山，山上有一个灵台洞，洞内有一位老人，他会教给你解脱之法的。"老人一边说，一边下着棋。

烦恼少年谢过下棋老者，继续向前走。

到了方寸山灵台洞，果然见一长髯老者独坐其中。烦恼少年长揖一礼，向老人说明来意。

老人微笑着摸摸长髯，问道："这么说你是来寻求解脱的？"

"对对对！恳请前辈不吝赐教，指点迷津。"烦恼少年说。

老人答道:"请回答我的提问。"

"有谁捆住你了么?"老人问。

"……没有。"烦恼少年先是愕然,尔后回答。

"既然没有人捆住你,又谈何解脱呢?"老人说完,摸着长髯,大笑而去。

烦恼少年愣了一下,想了想,有些明白了:是啊!又没有任何人捆住了我,我又何须寻找解脱之法呢?我这不是自寻烦恼,自己捆住自己了吗?

少年正欲转身离去,忽然面前变成了一片汪洋,一叶小舟在他面前荡悠。少年急忙上了小船,可是船上只有双桨,没有渡工。

"谁来渡我?"少年茫然四顾,大声呼喊着。

"请君自渡!"老人在水面上一闪,飘然而去。

少年拿起木桨,轻轻一划,面前顿时变成了一片平原,一条大道近在眼前。少年踏上大路,欢笑而去。

跳出心灵牢狱的方法在你自己的手里,没有人可以左右你的思想,如果你依然用烦恼自扰,别人也不可能帮上你的忙。因为无人可以把他的意志强加在你的头上。境由心造,要想快乐,何不自己跳出来?

在痛苦中微笑，向最好处努力

痛苦的感受犹如泥泞的沼泽，你越是不能很快从中脱身，它就越可能将你困住，乃至越陷越深，直至不能自拔。

厄运的到来是我们无法预知的，面对它带来的巨大压力，怨天尤人只会使我们的命运更加灰暗。所以我们必须选择一种对我们有好处的活法，换一种心态，换一种途径，才能不为厄运的深渊所淹没。

第二次世界大战期间，一位名叫伊莉莎白·康黎的女士在庆祝盟军于北非获胜的那一天，收到了国际部的一份电报：她的独生子在战场上牺牲了。

那是她最爱的儿子，是她唯一的亲人，那是她的命啊！她无法接受这个突如其来的残酷事实，精神接近了崩溃的边缘。她心灰意冷，万念俱灰，痛不欲生，决定放弃工作，远离家乡，然后默默地了此余生。

当她清理行装的时候，忽然发现了一封几年前的信，那是她儿子在到达前线后写的。信上写道："请妈妈放心，我永远不会忘记你对我的教导，不论在哪里，也不论遇到什么灾难，都要勇敢地面对生活，像真正的男子汉那样，用微笑承受一切不幸和痛苦。我永远以你为榜样，永远记着你的微笑。"

她热泪盈眶，把这封信读了一遍又一遍，似乎看到儿子就在自己的身边，用那双炽热的眼睛望着她，关切地问："亲爱的妈妈，你为什么不照你教导我的那样去做呢？"

伊莉莎白·康黎打消了背井离乡的念头，一再对自己说："告别痛苦的手只能由自己来挥动。我应该用微笑埋葬痛苦，继续顽强地生活下去。事情已经是这样了，我没有起死回生的能力改变它，但我有能力继续生活下去。"

后来，伊莉莎白·康黎写了很多作品，其中《用微笑把痛苦埋葬》一书颇有影响。书中这几句话一直被世人传颂着：

"人，不能陷在痛苦的泥潭里不能自拔。遇到可能改变的现实，我们要向最好处努力；遇到不可能改变的现实，不管让人多么痛苦，我们都要勇敢地面对，用微笑把痛苦埋葬。有时候，生比死需要更大的勇气与魄力。"

其实，生活中，我们每个人都可能存在着这样的弱点：不能面对苦难。但是，只要坚强，每个人都可以接受它。假如我们拒不接受不可改变的情况，就会像个蠢蛋，不断做无谓的反抗，结果带来无眠的夜晚，把自己整得很惨。到最后，经过无数的自我折磨，还是不得不接受无法改变的事实。所以说，面对不可避免的事实，我们就应该学着像树木一样，坦然地面对黑夜、风暴、饥饿、意外与挫折。

记住那些话：

其实天很蓝，阴云总要散；

其实海不宽，此岸连彼岸；

其实梦很浅，万物皆自然；

其实泪也甜，当你心如愿！

Chapter 5　天冷的时候，自己温暖自己

别人对你不好，你要对自己更好

如果生活让你背起了沉重的十字架，那是因为上帝知道你能行。

人有幸活在这个世上，就要勇敢地承担生活带来的磨难，也要好好地享受生活赐予的幸福。不要做逃避生活的懦夫。认真地活着，不逃避，是万事的因应之道。如此你才能真实地看出生命的全貌，否则看见的都是沙子，就像鸵鸟永不知道事情的真相！

紫霄未满月就被奶奶抱回家。奶奶含辛茹苦把她养到小学毕业，狠心的父母才从外地返家。父母重男轻女，对女儿非常刻薄。她生病时，父母会为难她，母亲说："我看见你就来气，你给我滚，又有河又有老鼠药又有绳子，有志气你就去死。"还残忍地塞给她一瓶"安定"。13岁的小姑娘没有哭，在她幼小的心灵里，萌生了强烈的愿望——她一定要活下去，并且还要活出个人样来！

被母亲赶出家门，好心的奶奶用两条万字糕和一把眼泪，把她送到一片净土——尼姑庵。紫霄满怀感激地送别奶奶后，心里波翻浪涌，难道我的生命就只能耗在这没有生气的尼姑庵吗？在尼姑庵，法名"静月"的紫霄得了胃病，但她从不叫痛，甚至在她不愿去化缘而被老尼姑惩罚时，她也不皱眉不哭。但是叛逆的个性正在潜滋暗长。在一个淅淅沥沥的清

103

晨，她揣上奶奶用鸡蛋换来的干粮和卖棺材得来的路费，踏上了西去的列车。几天后，她到了新疆，见到了久违的表哥和姑妈。在新疆，她重返课堂，度过了幸福的半年时光。在姑妈的建议下，她回安徽老家办户口迁移手续。回到老家，她发现再也回不了新疆了，父母要她顶替父亲去厂里上班。

她拿起了电焊枪，那年她才15岁。她没有向命运低头，因为她的心中还有梦。紫霄业余苦读，通过了《写作》、《现代汉语》和《文学概论》自学考试。第二年参加高考，她考取了安徽省中医学院。然而她知道因为家庭的原因无法实现自己的梦想，大学经常成为她梦里的主题。

1988年底，紫霄的第一篇习作被《巢湖报》采用，她看到了生命的一线曙光，她要用缪斯的笔来拯救自己。多少个不眠之夜，她用稚拙的笔饱蘸浓情，抒写自己的苦难与不幸，倾诉自己的顽强与奋争。多篇作品飞了出去，耕耘换来了收获，那些心血凝聚的稿件多数被采用，还获了各种奖项。1989年，她抱着自己的作品叩开了安徽省作协的大门，成了其中的一员。

文学是神圣的，写作是清贫的。紫霄毅然放弃了从父亲手里接过的"铁饭碗"，开始了艰难的求学生涯。因为她知道，仅凭自己现在的底子，远远不能成大器。她到了北京，在鲁迅文学院进修。为生计所迫，生性腼腆的她当起了报童。骄阳似火，地面晒得冒烟，紫霄挥汗如雨，怯生生地叫卖。天有不测风云，在一次过街时，飞驰而过的自行车把她撞倒了。看着肿起的像馒头一样大的脚踝，紫霄的第一个反应是这报卖不成了。用几天卖报赚来的微薄的钱补足了欠交的学费，她只休息了几天，又一次开始了半工半读的生活。命运之神垂怜她，让她结识了一批知名作家，有幸亲聆教诲，她感到莫大的满足。

为了节省开支，紫霄住在某空军招待所的一间堆放杂物的仓库里。晚上大部分时间，这里就成了她的"工作室"，她的灯常常亮到黎明。礼拜天，她包揽了招待所上百床被褥的浆洗活，胳膊搓肿了，腿站肿了，溅在身上的水冻成了冰碴儿……她全然不顾。有一次她累昏在水池旁，幸遇两位女战士把她背回去，灌了两碗姜汤，她苏醒过后一会儿，便接着去洗。她的脸上和手上有了和她年龄不相称的粗糙和裂口。

终于苦尽甘来，她攻读古文、从军、写作、采访、成名，这一切似乎顺理成章，然而这一切又不平凡。她是一个坚强的女子，是一个不向困难俯首称臣的不屈的奇女子。她把困难视作生命的必修课，而她得了满分。

紫霄的成长历程艰辛而又执着，一次次的人生磨难反而让她越走越坚强。

老天始终是公平的，给了你艰辛就会给你幸福，而且，你付出的越多得到的也就越多。所以，请你相信，你身上背着的那个十字架有一天会用金光笼罩你。

暴风雨之夜，一只蝴蝶被打落在泥中，它想飞，它拼命挣扎，可是风雨太大，心有余而力不足。在无数次努力失败以后，它大概打算放弃了，这时，一缕阳光射来，映照着它美丽的翅膀，它再一次选择了坚强，经过一次次试飞，它终于挣脱了泥潭，挥动着仍带有泥点的翅膀，在阳光中散发着七彩的光芒。蝴蝶永远知道：如果它不坚强，没人替它勇敢。

人生的绽放，需要你的坚强，没了坚强，你会变得不堪一击，只有经历地狱般的折磨，才会有征服天堂的力量，只有流过血的手指，才能弹出人世间的绝唱！

当每天的坚强成为一种习惯，我们便不会再抱怨天地，你会发现生活不过就是那么一回事，有无奈、有愤恨、有不公、有苦痛，用坚强去面对，它们根本不值一提，不过是生命中的一个插曲。

幸福，从欣赏自己的那一刻开始

生命的精彩需要别人的赞许，但精彩的生命不是仅仅为了刻意让别人欣赏——别忘了，欣赏自己生命的还有我们自己。

别人怎么看你，其实不是很重要，因为很多时候，你无须看别人脸色生活，否则你只会给自己徒增压力。

最重要的是，你怎样看待自己。如果能够欣赏自己，你就可以将自己描绘成一幅画。你可以让画面上长出绿草红花，你可以叫流水涓涓，你可以让山林幽幽，你可以让阳光温柔地照亮这片天堂。一个能在自己的精神世界自由地行走的人，无论他的自身条件如何，快乐与自信始终是他行走在滚滚红尘的形象。

那天风暖日丽，天气异常得好，一个黑人小女孩坐在公园的长椅上看着鸟戏蝶追，白云悠荡，她很羡慕那些能够自由来去的东西，因为，她的腿和别人有些不一样，她来到这里，需要靠妈妈的帮助。

Chapter 5　天冷的时候，自己温暖自己

一对玩累了的白人母女也来到这里，那个漂亮的小姑娘和她年纪相仿，她忍不住向她看去，然后极不礼貌地大声问妈妈："妈妈，她的腿怎么这样？"妈妈瞪了女儿一眼，小声说："把你的嘴闭上，你这样做很不礼貌，你在伤害女孩的自尊心。"

那位妈妈的声音虽然压得很低，但女孩还是听见了。她没有任何不自在，而是以那个年纪不该有的成熟笑着说："不要紧的。"然后又指了指自己的腿说："我妈妈说，每个人都是被上帝咬过一口的苹果，都有缺陷。有的人缺陷比较大，是因为上帝特别喜爱他的芬芳。所以我与众不同，妈妈说我更应该快乐，而不要在乎别人的目光。"

这个黑人女孩叫鲁道夫，出生在美国一个普通黑人家庭，出生时只有两公斤重，而后又得了肺炎、猩红热和小儿麻痹症，差点夭折。因为家庭贫穷无法及时医治，从那时起，她的双腿肌肉逐渐萎缩，到四岁时，左腿已经完全不能动弹。这极大地刺伤了年幼的鲁道夫，而妈妈则告诉她，她是上帝特别喜欢的那只苹果。

鲁道夫六岁生日那天，她穿上特制的鞋子，独自下床。谁知脚刚一着地，就支撑不住了。然而，她并没有灰心，她咬紧牙，扶着椅子，将全部力气集中到双腿上……身子慢慢直了起来。接着，在家人的鼓励声中，她迈出了有生以来的第一步。

11岁那年，鲁道夫依旧不能正常走路。后来妈妈出了个主意，让她尝试打篮球，以加强腿部肌肉力量。鲁道夫就这样趔趔趄趄地打起了篮球，她忍受着别人的嘲笑，克服着行动上的困难，咬着牙坚持锻炼着。奇迹出现了！经过一个阶段的锻炼，她不但身体变得强壮起来，而且能够正常走路了，甚至还能够参加正常的篮球比赛。

一次，鲁道夫正在街头玩篮球，恰巧被一个叫 E. 斯普勒的田径教练发现，他觉得她有着超人的弹跳和速度，就建议她改练短跑，并热情地鼓励她说："你是一只小羚羊，将来一定会成为世界短跑纪录创造者和奥运冠军。"

果然，在斯普勒的悉心教导下，鲁道夫迅速成长起来。在田纳西州，她成了全州女子短跑明星，开始在美国田坛崭露头角。

罗马奥运会上，鲁道夫代表美国队出赛，她先平世界纪录，再破世界纪录，一人独得三枚金灿灿的金牌！缔造了美国田径史上的一段传奇。

学会欣赏自己，才能让自己的生命变得高贵。不管现在如何渺小，你依然有机会在生活中谱写童话，创造这大千世界的奇迹。

平时多欣赏一下自己，你就会发现，自己也是"风景这边独好"。

生命成殇，并不能阻止你焕发荣光

面对人世的许多事你无力回天，许多缺失你无法挽回，自卑、自怜无济于事。但你可以选择爱你的"心"，让你的心完美。也许你没有财富，也许你没有幸福的家庭，也许你没有靓丽的容颜，但你一样可以让自己发光。

当美国的黄热病疯狂蔓延时，玛格丽特活了下来，成了一个孤儿。她在年纪不大时就嫁人了,但不久她的丈夫死去了,她唯一的孩子也死去了。她非常贫穷,没有文化,除了自己的名字以外几乎什么都不会写。于是她就到女子孤儿收容所去谋生。她从早到晚地忙个不停,将整个生命都投入到照顾这些孤儿的工作中去了。当一家新的漂亮的收容所建造起来以后,玛格丽特和这些修女从原先艰苦的条件下摆脱了出来。后来,玛格丽特还在这个城市开了一家属于自己的乳品面包店。这个城市中的每个人都认识她,他们还资助她去购买运奶的小车和烤面包炉。玛格丽特非常努力地工作着,将节省下来的每一分钱都用来帮助那些孤儿,因为她已经把这些孤儿当成自己的亲生孩子了。而她自己从来就没有买过一件丝绸衣服,也没有戴过一双羊皮手套。但她的努力最终也得到了回报,她离开人世后,这座城市就为这些孤儿的朋友和保护者建造了一座美丽的纪念雕像,以表达对这个美丽的、无私的人的感激之情。

玛格丽特不曾拥有世人眼中的一切美好,但她却是最美的。因为她不曾因外表的一切而自卑、惰怠,她爱自己的"心"。这颗心让她在困苦的环境里给予别人、珍爱别人,因而她是伟大的。别人也许拥有了她没有的,而她却拥有了别人得不到的。

生命的价值也许并不仅仅体现在强大的财力、曼妙的姿容、健康的体魄……更本质的是,生命是否可以超越平凡,升入到更高的境地。在更高的天空,彩虹的美是有目共睹的。因为,只有经历过风雨的洗礼,生命才更美丽,才更能显示出它宝贵而华美的价值,才更凸显出美的含义。

涛的双腿残疾,但他的心情似乎从未因此而沉闷、忧郁,他在每日的黄昏都会吹起他心爱的笛子。

乐声像清晨的光芒,从他修长的手指间倾泻而出。那些欢快的、像露珠般纯洁、像水晶般剔透的音乐感染着附近的居民，给他们木然而单调的生活增添了一些鲜活的色彩。因为涛的笛声，人们发现天空是那么明丽，生活是那么轻松惬意。

那个时候，在炎热的夏夜，涛的笛声四处回旋，让人们忘却了白天工作的紧张、劳累和压抑。在灰色又琐碎的生活背后，普通人因涛的笛声而感到安详、快乐，而涛对每一天都充满期待，对每一个邻居充满笑意和感谢。

涛只活到30岁，但他的生命历程到今天都没有消失。在那条街，只要有音乐，有夏夜的星空，就有涛临窗而坐的身影，有他蓬勃的生命力。

他常说一句话："我的脚不能走路了，我的音乐可以和人们一道走得更远。"

涛的生命是短暂的，并且在这短暂的生命里失去了走路的权利。但人们永远记得他的笛声，记得他带给别人的安详和快乐。

今生，不论你能走多远，不论你能得到多少生命的馈赠，爱你的"心灵"，别让它沾染人世的黑暗，别让它因为受苦而不再充满活力。

不经你的允许，此生不会成为悲剧

遗憾会使一些人堕落，也会使一些人清醒；能令一些人倒下，也能令一些人奋进。同样的一件事，我们可以选择不同的态度去对待。如果我们选择了积极，并做出积极的努力，就一定会看到前方瑰丽的风景。

其实，人生中的遗憾并不可怕，怕就怕我们沉浸在戚戚地遗憾诉说中停滞不前。甚至是那些看似无法挽回的悲剧，但只要我们意念强大，勇敢面对，就能修正人生航向，创造人生幸福，实现人生价值。

美国女孩辛蒂在医科大学时，有一次，她到山上散步，带回一些蚜虫。她拿起杀虫剂想为蚜虫去除化学污染，却感觉到一阵痉挛，原以为那只是暂时性的症状，谁料她的后半生从此陷入不幸。

杀虫剂内所含的某种化学物质使辛蒂的免疫系统遭到破坏，使她对香水、洗发水以及日常生活中接触的一切化学物质一律过敏，连空气也可能使她的支气管发炎。这种"多重化学物质过敏症"，到目前为止仍无药可医。

起初几年，她一直流口水，尿液变成绿色，有毒的汗水刺激背部形成了一块块疤痕。她甚至不能睡在经过防火处理的床垫上，否则就会引发心悸和四肢抽搐。后来，她的丈夫用钢和玻璃为她盖了一所无毒房间，一个足以逃避所有威胁的"世外桃源"。辛蒂所有吃的、喝的都得经过选择与处理，她平时只能喝蒸馏水，食物中不能含有任何化学成分。

很多年过去了，辛蒂没有见到过一棵花草，听不见一声悠扬的歌声，感觉不到阳光、流水和风。她躲在没有任何饰物的小屋里，饱尝孤独之余，甚至不能哭泣，因为她的眼泪跟汗液一样也是有毒的物质。

然而，坚强的辛蒂并没有在痛苦中自暴自弃，她一直在为自己，同时更为所有化学污染物的牺牲者争取权益。后来，她创立了"环境接触研究网"，以便为那些致力于此类病症研究的人士提供一个窗口。几年以后辛蒂又与另一组织合作，创建了"化学物质伤害资讯网"，保证人们免

111

受威胁。

目前这一资讯网已有来自 32 个国家的五千多名会员,不仅发行了刊物,还得到美国、欧盟及联合国的大力支持。

她说:"在这寂静的世界里,我感到很充实。因为我不能流泪,所以我选择了微笑。"

是啊,既然不能流泪,不如选择微笑,当我们选择微笑地面对生活时,我们也就走出了人生的冬季。

岁月匆匆,人生也匆匆,当困难来临之时,学着用微笑去面对、用智慧去解决。永远不要为已发生的和未发生的事情忧虑,已发生的再忧虑也无济于事,未发生的根本无法预测,徒增烦恼而已。你得知道,生活不是高速公路,不会一路畅通。人生注定要负重登山,攀高峰,陷低谷,处逆境,一波三折是人生的必然,我们不可能苦一辈子,但总要苦一阵子,忍着忍着就面对了,挺着挺着就承受了,走着走着就过去了。

其实,上帝是很公平的,他会给予每个人实现梦想的权利,关键看你如何去选择。琐事缠身、压力太大——这些都不应该是我们放弃梦想的理由,在身残志坚的人面前这会让你抬不起头。要知道,幸福感并不取决于物质的多寡,而在于心灵是否贫穷,你的心坚强,世界也会坚强。

困苦之中，画一扇窗送给自己

凡事可以变好，凡事也可以变坏。悲观的人永远都是想到自己只剩下百万元而担忧，乐观的人却永远为自己还剩下一万元而庆幸。面对金黄的晚霞映红半边天的情景，有人叹息："夕阳无限好，只是近黄昏。"也有人想到的却是："莫道桑榆晚，晚霞尚满天。"面对半杯饮料，有人遗憾地说："可惜只有半杯了。"有人庆幸地说："尚好，还有半杯可饮。"不同的人对同一件事有不同的心情，不同的心情必然有不同的结果。

黄永玉是我国著名的书画艺术家，他自幼喜爱绘画，少年时期便因木刻作品蜚声画坛，有"中国三神童之一"的美誉。但也许你想不到，这样一位绘画大师，同时也是一位"心境"大师。

那一年，黄永玉带着他那颗饱经沧桑的心来到了北京，就住在今天被他命名为"芥末"的故居中。这是一所四壁是墙的老房子，除了一个极为狭窄的门外，整幢房子连一扇窗也没有。倘若关了门，房间里就会如同半夜一样黑得伸手不见五指。然而出人意料的是，黄永玉并没有嫌弃这个令人憋闷的家，反而开口大笑起来。只见他一边笑，一边拿出一张白纸贴在墙上，然后开始在白纸上画画。不一会儿，纸上便出现了一扇极为逼真的窗户，与真的窗户几乎毫无两样。顿时，整个房间明亮起来，就像屋外的阳光一下子都涌进了这间小屋一样。在场的所有人都被震住了，然后便纷纷鼓掌叫起"好"来。

人们之所以会连连叫"好"，除了惊叹黄永玉大师出神入化、撼人心魄的画技外，恐怕更多的是被他这种"画一扇窗给自己"的豁达超然的人生态度所折服吧。

角度不同，对问题的看法各有所异，有人积极，有人消极。消极思维者只看坏的一面，对事物总能找到消极的解释，最终他们也将得到消极的结果。而积极思维者却更愿意从好的方面考虑问题，并通过自己的努力，得到一个积极的结果。

其实，事物的本身并不影响人，人们是受到对事物看法的影响！其实，不管遭遇何种打击、困境，只要心中有接纳阳光的窗户，我们便能透过现实的黑暗，看到窗外那片明亮的风景。

所以，无论是成是败，都要明白：人生需要一个好的心态。人生的进退，生活的好坏，有时就取决于心态，努力是一种结局，放弃也是一种结局。只是不同的心境，有着不同的结果，你笑，天是蓝的，你哭，天是阴的。学会生活，需要一个好的心态，走好人生，需要一个好的心境，心态有时就决定着生活的苦与甜，成与败。

得不到你所爱的，就爱你所得的

很多时候，我们都会这样想：如果我出生在一个富贵之家就好了，衣食无忧，一马平川；如果我能再漂亮一点多好，那个长腿申帅哥说不定就会看上我；如果我的钱再多一点，这次投资一定能赚得更多……可是，人生没有如果。

事情是这样，就不会是别的样子。每个人都会碰到一些不快，甚至是痛苦的事情，它们既然是这样，那么就不可能是别的样子，但是我们也可以有所选择：可以接受并适应它；或者干脆就让忧虑和抱怨毁掉我们的生活。

在不能够更改的事实面前，只一味地想着"如果……如果……"无疑是非常愚蠢的。并不是每个人都有反抗命运的能力，若是无力反抗，何不坦然接受命运的安排？有了这样的洒脱，你才能活得自在自得，活得幸福快乐。

读过《傅雷家书》的人想必很多，崇拜傅聪的人也定然不少，但说起傅雷的次子傅敏，可能就没有多少人知道了。不知情的人可能会以为，这是个扶不起的阿斗，否则生在这样一个文化世家，怎么会如此籍籍无名？但《傅雷家书》正是由于傅敏的编撰，才得以传世。

傅敏是个很有艺术天赋的人，但对于这个天赋，父亲傅雷却并不认同。少年时的傅敏也曾为自己抗争过，他要和哥哥傅聪一样，报考音乐附中，但被严父无情地拒绝了，理由是家里只能培养一个音乐家。在那个年代，父亲的话几乎就是圣旨，他无法违逆，于是遵照父命，去教书。

傅雷老先生似乎将全部的爱和关注都给了大儿子傅聪，次子傅敏却连追求所爱的资格都没有，他的一生就被父亲这样独断专行地安排了。很多年以后，已成为著名钢琴家的傅聪在自传中提到，他回国无意中跟弟弟比手，发现弟弟的手比自己更柔软，能够张得更开，这是一双有足够条件成为艺术家的手。

同样的环境，甚至在天赋上更胜一筹，哥哥如此耀眼，自己却被迫放弃梦想，一无所有。想必，傅敏的心一定极度难受吧？但，他说："如今，我是有二十多年教龄的中学教师了。我深深地爱上了自己的职业。"叶永烈为傅敏写的文章里说："学生是一团火。一接触天真无邪、活泼可爱的学生，傅敏心中的冰块立即融化了。"

傅敏这辈子不温不火，如果不是一而再，再而三地重编《傅雷家书》，他的名字几乎不会被大众提及。但他勤勤恳恳，数十年如一日投身教育事业。如果说，当初他是父命难违，心中或许带着不甘和怨愤，后来，他则深深爱上教育，甘之若饴奉献一生。他说："我为做一个中学教师而感到自豪。在外国人面前，我总是很响亮地说，我是中国的一个中学教师！"

独自等待，默默承受，也许还不是应对严苛命运的最好武器。最好的抵抗其实是，得不到你所爱的，就爱你所得的。面对不可改变的事实，诗人惠特曼曾经这样说道："让我们学着像树木一样顺其自然，面对黑夜、风暴、饥饿、意外等挫折。"这不是所谓的逆来顺受，也不是不思进取，而是一种积极的人生态度。

接受事实是克服任何不幸的第一步。即使我们不接受命运的安排，也不能改变事实的分毫，我们唯一能够改变的只有自己的心境。把现在作为新的起点，总结经验，储蓄力量，等待好的时机，相信自己可以在不久的将来把新的梦想实现。不要用消极的心态去报复、去等待。即使是不甘心，对那些自己力所不能及的事情进行太多的关注，反而是在浪费时间，耗费不必要的精力。既然得不到你所爱的，就爱你所得的。

快乐，就是自己给自己找乐子

生活给予每个人的快乐大致上是没有差别的：人虽然有贫富之分，然而富人的快乐绝不比穷人多；人生有名望高低之分，然而那些名人却并不比一般人快乐到哪去。人生各有各的苦恼，各有各的快乐，只是看我们能够发现快乐，还是发现烦恼罢了。

一位哲学家不小心掉进了水里，被救上岸后，他说出的第一句话是：呼吸空气是一件多么幸福的事情。空气，我们看不到，日常生活中也很少意识到，但失去了它，你才发现，它对我们是多么重要。据说后来那位哲学家活了整整100岁，临终前，他微笑着平静地重复那句话："呼吸是一件幸福的事。"言外之意，活着是一件幸福的事。

生活中的快乐无处不在，而在于如何去体会，倘若用心体会便不难感受。生活的幸福是对生命的热情，为自己的快乐而存在，在那些看似无法逾越的苦难面前，依然能够仰望苍穹，快乐便会永远伴随左右。

某人是个十足的乐天派，同事、朋友几乎没见他发过愁。大家对此大惑不解，若以家境、工作来论，他都算不上好，为什么却总是一脸的快乐呢？

一位同事按捺不住好奇，问道："如果你丢失了所有朋友，你还会快乐吗？"

"当然，幸亏我丢失的是朋友，而不是我自己。"

"那么，假如你妻子病了，你还会快乐吗？"

"当然，幸亏她只是生病，不是离我而去。"

"再假设她要离你而去呢？"

"我会告诉自己，幸亏只有一个老婆，而不是多个。"

同事大笑："如果你遇到强盗，还被打了一顿，你还笑得出来吗？"

"当然，幸亏只是打我一顿，而没有杀我。"

"如果理发师不小心刮掉了你的眉毛？"

"我会很庆幸，幸亏我是在理发，而不是在做手术。"

同事不再发问，因为同事已经找到该人快乐的根源——他一直在用"幸亏"驱赶烦恼。

乐观的人无论遭遇何种困难，总是会为自己找到快乐的理由，在他们看来，没什么事情值得自己悲伤凄戚，因为还有比这更糟的，至少"我"不是最倒霉的那一个。相反，悲观的人则显得极度脆弱，哪怕是芝麻绿豆大的小事，也会令他们长吁短叹，怨天尤人，所以他们很难品尝到快乐的滋味。

其实，任何事情，有其糟糕的一面，就必有其值得庆幸的一面，如果你能将目光放在"好"的一面上，那么，无论遇到何种困难，你都能够坦然面对。

只要你愿意，你就会在生活中发现和找到快乐——痛苦往往是不请自来，而快乐和幸福往往需要人们去发现，去寻找。

很显然，如果我们不能用心去体会生活中的那部分快乐，同样，如果缺乏珍惜之心也很难意识到快乐的所在，有时甚至连正在历经的快乐都会失去。正如一位哲学家曾说过的：快乐就像一个被一群孩子追逐的足球，当他们追上它时，却又一脚将它踢到更远的地方，然后再拼命地奔跑、寻觅。

用内心的糖裹住生活的苦

有人说：人之所以哭着来到这个世界，是因为他们知道，从这一刻起便要开始经受苦难。这话说得挺有道理。可是，人的一生不能在哭泣中度过，发泄过后你是不是要思考一下：怎样才能让我们的人生走出困境，焕发出绚丽的色彩，让自己在生命的最后一刹那能够笑着离开？这，需要的是一种积极的心态。

在今天这种激烈的角逐面前，就算曾经在某一领域无往不利、叱咤风云的人物也难免惊慌失措，做出错误的判断。失败，只是人生的一种常态，不同的是，有些人在困境面前能够不受客观环境影响，不仅没有被击倒，反而将人生推上了更高的层次；有些人则很容易萎靡不振，把人生带入深渊。逆境，就是一种优胜劣汰。

前者甚至可以被撕碎，但不会被击倒。他们心中有一种光，那是任何外在不利因素都无法扑灭的、对于人生的追求和对未来的向往；将后者击倒的不是别人，而是他们自己，是他们的心中没有了信念，熄灭了心中的光。

心中有光，就会有信念，就会有力量！

曾见过这样一位母亲，她没有什么文化，只认识一些简单的文字，会一些初级的算术，但她教育孩子的方法着实令人称赞。

她家的瓶瓶罐罐总是装着不多的白糖、红糖、冰糖，那时候孩子还小，每每生病一脸痛苦，她都会笑眯眯地和些白糖在药里，或者用麻纸把药裹进糖里，在瓷缸里放上一刻，然后拿出来。那些让小孩子望而生畏的药片经这位母亲那么一和一裹，给人的感觉就不一样了，在小孩子看来就充满诱惑，就连没病的孩子都想吃上一口。

在孩子们的眼中，母亲俨然就是高明的魔术师，能够把苦的东西变成甜的，把可怕的东西变成喜欢的。

"儿啊，尽管药是苦的，但你咽不下去的时候，把它裹进糖里，就会好些。"这是一位朴实的家庭妇女感悟出的生活哲理，她没有文化，但却很懂生活。

这是一种"减法思维"，减去了药的苦涩，就不会难以下咽。如今，

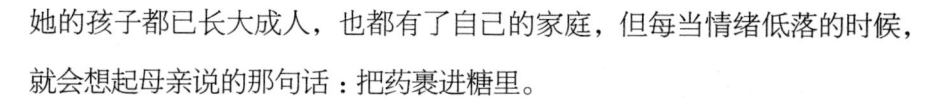

她的孩子都已长大成人,也都有了自己的家庭,但每当情绪低落的时候,就会想起母亲说的那句话:把药裹进糖里。

她只是个普通的家庭妇女,在物质上无法给予子女大量的支持,但带给他们的精神财富却足以令其享用一生。她灌输给子女的是一种苦尽甘来的信仰,把生活的苦包进对美好未来的期待之中,就能冲淡痛苦;心中有光,在沉重的日子里以积极的心态做事,就能够改变境况。

其实我们完全可以把人生当成一个"吃药"的过程:在追求目标的岁月里,我们不可避免地会"感染伤病",你可以把药直接吃下去,也可以把它裹进糖里,尽管方式有所不同,但只有一个共同的目的:尽快尽早地治愈病伤,实现苦苦追求的目标。将药裹进糖里减轻了苦痛的程度,在生命里的不济之时不妨试试这个方法。

如果你愿意,幸福就在拐角处

我们苦苦追求幸福的时候,往往遇到的是痛苦;我们轻松愉快地生活,才发现幸福一直就在自己身边。

寒冬腊月,娟外地的一个朋友到她所在的开封市出差。两个女子相约去感受老城的沧桑与厚重。出门的时候,天气还不错,到了下午冷风骤起,气温突降,尽管太阳依旧挂在天上,但冷风像刀子一样刮得人双颊生痛。

娟和朋友冻得瑟瑟发抖，不停诅咒无常的天气，埋怨突然而至的寒流。出门时的好心情随着寒流的到来而荡然无存。

娟带着朋友走进开封府。青砖上苔藓枯去，屋顶的瓦砾上、墙缝里曾经茂盛无比的小花小草，诉说着曾经的繁荣和辉煌。开封府内有条狭长幽静的小巷道，走在里面越发地寒冷。

拐了一个弯，娟和朋友突然觉得进入了另一个世界。寒风好像突然停止了，阳光一下子变得和煦、温暖起来。二人拣一块干净的青石台阶坐了下去，畅谈情怀，一堵青砖筑就的墙把红尘的喧闹隔在外边。

没过多久，二人身上被晒得暖烘烘的，全然没有了刚才的寒意。朋友说："真是怪了，拐了一个弯，竟然就感受到了两个不同的世界。"刚才在路上两个人还在抱怨寒风冷冬以及人生的种种不如意，而此时拐了个弯，转了个身，她们就感受到了从没有过的宁静与温暖。

生活就是这样，许多幸福也许就在你生活中不起眼的地方，只是因为太熟悉了，反而漠视了。其实我们嫌幸福太遥远的时候，幸福一直就像影子一样，只要你站在有光的地方，它就不会离开你身旁，只是我们忘了低下头，转个身。

就好像我们在肚子饿坏的时候，有一碗热腾腾的面条放在你的眼前，这就是幸福；劳累了一天，回家扑在软软的床上，这也是幸福；痛哭的时候，有人能够温柔地递上一张纸巾，这更是幸福……

放眼自己的身边，其实幸福无处不在的。

Chapter 6
最美的情歌，只唱给懂的人听

最美的情歌，应该只唱给懂的人听。两颗心不在一起，即使你倾尽所有心力，发出天籁之音，也不过是对牛弹琴。真正的爱情，应该是两个人，彼此理解，互相尊重，不缠绕，不牵绊，不占有，然后相伴，走过一段漫长的旅程。如果情歌唱错，请给予自己改正的勇气，而不要傻傻地继续着一个人独唱。

有一种爱情，让人不得不孤独

凡事都是在它适当的时候降临，无论是谁，在对的时间里做了错的事，其结果是可想而知的，其代价是显而易见的。爱情，也是如此。

有的人你再喜欢也注定不属于你，有种无奈叫再留恋也注定要放弃，与其流着血泪继续爱，不如挥泪让他离开，人一生中也许会经历许多种爱，别让爱成为一种伤害。

一只孤独的刺猬常常独自来到河边散步。杨柳在微风中轻轻摇曳，柳絮纷纷扬扬地飘飞下来，这时候，年轻的刺猬会停下来，望着水中柳树的倒影，望着水草里自己的影子，默默地出神。一条鱼静静地游过来，游到了刺猬的心中，揉碎了水草里的梦。

"为什么你总是那么忧郁呢？"鱼默默地问刺猬。

"我忧郁吗？"刺猬轻轻地笑了。

鱼温柔地注视着刺猬，默默地抚摸着刺猬的忧伤，轻轻地说："让我来温暖你的心。"

上帝啊，鱼和刺猬相爱了！

上帝说："你见过鱼和刺猬的爱情吗？"

刺猬说："我要把身上的刺一根根拔掉，我不想在我们拥抱的时候刺痛你。"

鱼说："不要啊，我怎么忍心看你那一滴滴流淌下来的鲜血？那血是从我心上淌出来的。"

刺猬说："因为我爱你！爱是不需要理由的。"

鱼说："可是，你拔掉了刺就不是你了。我只想要给你快乐……"

刺猬说："我宁愿为你一点点撕碎自己……"

刺猬在一点点拔自己身上的刺，每拔一下都是一阵揪心的疼，每一次都疼在鱼的心上。

鱼渴望和刺猬做一次深情的相拥，它一次次地腾越而起，每一次的纵身是为了每一次的梦想，每一次的梦想是每一次跌碎的痛苦。

鱼对上帝说："如何能让我有一双脚，我要走到爱人的身旁。"

上帝说："孩子，请原谅我的无能为力，因为你本来就是没有脚的。"

鱼说："难道我的爱错了？"

上帝说："爱永远没有错。"

鱼说："要如何做才能给我的爱人以幸福？"

上帝说："请转身！"

鱼毅然游走了，在辽阔的水域下，鱼闪闪的鳞片渐渐消失在刺猬的眼睛里。

刺猬说："上帝啊，鱼有眼泪吗？"

上帝说："鱼的眼泪流在水里。"

"上帝啊，爱是什么？"刺猬问。

上帝说："爱，有时候需要学会放弃。"

爱一个人就是让他（她）快乐，使他（她）忘记烦恼和忧伤，给他（她）一份温馨，那便是真诚，如果你做不到，莫不如放弃，放弃何尝不是一种宽容。时间能冲淡一切爱的足迹，不必想念，不必彷徨，心中的牵挂任凭飘雪的冬季飞逝吧，只有在爱的道路上经历过痛苦的磨砺，才能在感情世界里渐渐长大。

爱人，就是适合自己的那个人

雄孔雀有漂亮的尾羽但不能歌唱，能唱得像夜莺一样好的雄孔雀只能浪费时间，因为雌孔雀并没有能聆听歌声的耳朵；同样地，雄夜莺也无法靠长出华丽青蓝尾羽去取悦到雌夜莺。

这个世界是多维、平行的，不同的人生活在不同维度的空间之中，有些人之间注定一生无法交流、无法沟通，就算命运安排他们相遇，如果听不到或者根本无法接纳对方的心声，那在一起又有什么意思？

用"维度"来阐述爱情，或许有些人会感到难以理解，那么我们说得更通俗一点，回想一下，在你的大学时代有没有发生过这样的事情？

樱花盛开的季节，颇具文艺范的学长连续几天的晚上弹起他心爱的木吉他，在工科女生宿舍楼下浅吟低唱"我的心是一片海洋，可以温柔却有力量，在这无常的人生路上，我要陪着你不弃不散……"对面文学系的姑娘们眼睛中闪烁着晶亮的光芒，多希望有一位英俊的少年能够为自己如此疯狂，而学长的女神，那位立志成为女博士的姑娘却打开窗，羞涩而坚定地说："学长，你……你可不可以安静一点，我们还准备考试呢。"

泼冷水的效果丝毫不亚于那句"我一直把你当哥哥（妹妹）看待"。

其实被泼冷水的人也不必灰心丧气，不是你不够优秀，只是你爱慕的对象身处在不同的维度。有时候，你爱的人真的并不适合你，他只是你生命中点燃烟花的人，而烟花的美只缘于瞬间，如果你非要抓住这瞬间即逝但不属于你的美丽，就会像那条最孤独的鲸鱼"52赫兹"一样。

"52赫兹"是一头鲸鱼用鼻孔哼出的声音频率，最初于1989年被发现记录，此后每年都被美军声呐探测到。因为只有唯一音源，所以推测这些声音都来自于同一头鲸鱼。这头鲸鱼平均每天旅行47千米，边走边唱，有时候一天累计唱22个小时，但是没有回应。鲸歌是鲸鱼重要的通讯和交际手段，据推测不但可以召唤同伴，在交配季节更有"表述衷肠"的作用。导致"52赫兹"幽幽独往来的原因，是因为该品种鲸鱼的鲸歌大多在15赫兹至20赫兹，"52赫兹"唱的歌就算被同类听到，也不解其意，无法回应。

经营爱情的道理也是一样的，找准处在同一维度的对象很重要。孤独的"52赫兹"如果想找到知音，那么可以去唱给频率范围是20赫兹到1000赫兹的座头鲸。如果你还是个纯粹爱情的向往者，不巧倾慕了一位脸蛋漂亮但宁愿坐在宝马车里哭的姑娘，那么劝你还是趁早"移情别恋"吧。找一个适合自己的人来爱，才能够爱得轻松、爱得自在、爱得幸福、爱得愉快。

爱情有个条件，叫作两情相悦

"香烟爱上火柴，就注定被伤害；老鼠爱上猫咪，就注定被淘汰"。选择你不爱的人，是践踏他的尊严；选择不爱你的人，是践踏自己的尊严。终有一天，回首过往，最心痛的不是逝去的感情，而是失去的尊严。我们都曾为爱做尽傻事，但真正的爱情，是要两情相悦的！

在《乱世佳人》中，思嘉丽少女时代就狂热地爱上了近邻的一位青年艾希礼。每当遇到艾希礼，思嘉丽就恨不得把自己全部的热情都倾注在他身上，然而他却浑然不觉。在思嘉丽向艾希礼表达她的爱恋之情时，被另一个青年白瑞德发现，从此白瑞德对思嘉丽产生了兴趣。艾希礼没有领悟思嘉丽的真情，同他的表妹梅兰结婚了，思嘉丽陷入深深的痛苦之中，然而对艾希礼的爱恋依然丝毫没有减弱。

后来"二战"爆发了，白瑞德干起了运送军民物资的生意，并借此多次接触思嘉丽。他非常欣赏思嘉丽独立、坚强的个性和美丽、高贵的气质，狂热地追求她，引导思嘉丽冲破传统习俗的束缚，激发她灵魂中真实、叛逆的内核，让她开始追求真正的幸福。思嘉丽最终经不起他强烈的爱情攻势，他们结婚了。然而思嘉丽却始终放不下对艾希礼的感情，尽管白瑞德十分爱她，她却始终感觉不到幸福，一直不肯对白瑞德付出真爱，以致他们的感情生活出现了深深的裂痕。后来，他们最爱的小女儿不幸夭折，白瑞德悲痛万分，对思嘉丽的感情也失去信心，最终离开了她。白瑞德的离去使思嘉丽最终意识到自己的真爱其实就是他，然而一切悔之晚矣。

思嘉丽被一个并不爱她的男人蒙蔽了发现爱情的双眼，一生都在追求一种虚无缥缈的感觉，追求一种并不存在的所谓的爱情，当真正的爱情一直伴随自己时，她却屡屡忽略。白瑞德选择了一个不爱自己的女人，也因此付出了大量的青春和感情，最终使自己伤痕累累。他们俩的选择都是错误的，因为他们选择了不爱自己的人，致使自己的感情白白付出，酿成了悲剧。

真正完美的、能够长久地给人带来幸福的爱情，应该是两相情愿、两情相悦，是爱情双方互相认同和吸引的，是双方共同努力营造的。一个巴掌拍不响，单靠一个人的努力，另外一方无所回应，爱情的嫩苗不可能发展壮大，爱情的花朵也不可能结出丰硕的果实。

我们在寻找爱情时，一定要找一个既爱自己又被自己深深爱着的人，找一个与自己的道德观念、人生理想、信仰追求相似的人。尽管这样的爱情得来不易，适合自己的伴侣迟迟没有出现，我们也应对真爱抱有坚定而执着的信念，做到"宁缺毋滥"。因为不适合自己的"爱情"不仅不能给自己带来幸福，还会浪费自己的青春和感情，给自己的心灵造成伤害，使我们丧失对真爱的感悟力，使伤痕累累的我们没有信心再去尝试真正的爱情，从而错过人生中的最爱，这难道不是最大的悲剧吗？

幸福总是眷顾那些有心人

爱并不需要太多的甜言蜜语，不能依靠投机取巧，它需要的是彼此的真心付出。爱是用心去感觉的，而不是用耳朵听来的，就如哈佛格尔所说："爱情无须言语做媒，全在心领神会。"

刻在心底的爱，因为无私无欲，才会真正永恒。想要执手白头，就要相互洞察对方的心，相互付出，相互谅解。也许一路走去，没有那么多鸟语花香，风情万种，但我们可以用心去触摸爱的灵魂，最终到达了美丽心灵的境界。

天空中大雨倾盆，两个落魄至极的青年蜷缩在一起，他们又冷又饿，几欲昏倒。大街上不时有行人路过，但却一直对他们视而不见。

这时，一位年轻女护士撑着伞走到二人面前，她为他们撑伞挡雨，直至雨停，随后又为他们买来了面包。两个落魄青年深受感动，他们心中同时有一种情愫在滋生，是的，他们竟同时爱上了她。为了得到自己心中的"女神"，两位青年默默地展开了竞争。

第一位青年试探性地问女护士："小姐，冒昧地问一句，你的男朋友是从事什么职业的？"

"呵呵，我还没有男朋友呢。"

"那你希望未来的男朋友是做什么的呢？"

护士想了想，说道："他……最好是位医师吧。"

另一位青年深情款款地向女护士表白："小姐，我爱你！"

"哦，真对不起，我不会爱上一个不讲卫生的人。"

翌日，第二位青年洗漱干净，将自己打扮得焕然一新，又来到女护士身边："小姐，我爱你！"

"对不起，我不会爱上身无分文的人。"

数日之后，这位青年异常兴奋地跑去对女护士说："你知道吗？我买彩票中了大奖，有1000万奖金，现在你可以接受我的爱情了吧？"

没想到女护士再次否决了他："对不起，或许我只会爱上一位医生，但你还不是医生。"

数年以后，该青年再度出现在女护士面前，而他此时的身份竟是"医师"。

"亲爱的，我想你现在可以答应我的求婚了。"

"很抱歉，可我已经嫁人了。"说完，女护士挽着她的丈夫走进医院。这位青年仔细一看，险些昏倒在地。原来，女护士的丈夫竟是当年与他蜷缩在一起的另一位青年！现在，他是这家医院的院长，也是全市赫赫有名的外科医师。

这位青年很是不服，跑去质问第一位青年："你到底耍了什么手段？给她灌了什么迷药？"

"我用的是心！我的心始终朝着一个方向——做一名优秀的医生，赢得她的爱慕；而你用的是计谋，你过于急功近利，心中只有贪婪！"

爱情需要我们用心去捕获，爱人需要我们用心去征服，能够抓住爱的，绝然不会是计谋。幸福总是眷顾"有心的人"，当然，人生中的其他竞争亦是如此。

爱一个人，不一定要他有多好

　　生活中的男男女女都幻想着得到至真至纯的爱情，渴望着遇到完美的爱人，但结果却事与愿违。

　　长得帅的未必有钱，有钱的又未必专情，漂亮的未必贤惠，而贤淑的又未必漂亮……生活就是这样，鱼与熊掌不可兼得，爱情也一样，不可能完全达到你理想中的状态。过分追求完美，只会自己去堵死爱情的通道。

　　水瑶、丹丹、雪儿是好得不能再好的闺中密友，三人中水瑶长得最美，雪儿最有才华，只有丹丹各方面都平平。三个人虽说平时好得恨不能一个鼻孔出气，但是在择偶标准上，却产生了极大的分歧。水瑶觉得人生就应该追求美满，爱情就应该讲究浪漫，如果找不到一个能让自己觉得非常完美的爱人，那么情愿独身下去。雪儿则觉得婚姻是一辈子的大事，必须找一个能与自己志趣相投的男人才行，只有丹丹没有什么标准，她是个传统而又实际的人——对婚姻不抱不切实际的幻想，对男人不抱过高的要求，对人生不抱过于完美的奢望，她觉得两个人只要"对眼"，别的都不重要。

　　后来，丹丹遇到了陈军，陈军长相、才情都很一般，属于那种扎在人堆里就会被淹没的男人，但他们俩都是第一眼就看上了对方，而且彼此都是初恋的对象，于是两个人一路恋爱下去。对此水瑶和雪儿都予以强烈的反对，她们觉得像丹丹这样各方面都难以"出彩"的人，婚姻是她让自己人生辉煌的唯一机会，她不应该草率地对待这个机会。但是丹丹觉得没有人能够知道，漫长的岁月里，自己将会遇见谁，亦不知道谁终将是自己的最爱，只要感觉自己是在爱了，那么就不要放弃。于是丹丹23岁时与陈军结了婚，25岁时做了妈妈。虽说她每天都过得很舒服、很幸福，但她还是成为了女友们同情的对象，水瑶摇头叹息："花样年华白掷了，可惜呀。"雪儿扁着嘴说："为什么不找个更好的？"

当年的少女被时光消耗成了三个半老徐娘，水瑶众里寻他千百度，无奈那人始终不在灯火阑珊处，只好让闭月羞花之貌空憔悴；而雪儿虽然如愿以偿，嫁给了与自己志趣一致的男士，但无奈两个人总是同在一个屋檐下，却如同两只刺猬般不停地用自己身上的刺去扎对方，遍体鳞伤后，不得不离婚，一旦离婚后，除了食物之外她找不到别的安慰，生生将自己昔日的窈窕，变成了今日的肥硕，昔日才女变成了今日的怨女；只有丹丹事业顺利，家庭和睦，到现在竟美丽晚成，时不时地与女儿一起冒充姐妹花"招摇过市"。

水瑶认为完美的爱人、浪漫的爱情能使婚姻充满激情、幸福、甜蜜。其实不然，完美的爱人根本就是水中月镜中花，你找一辈子都找不到，况且即使你找到了自己认为是最美满、最浪漫的爱情之后，一遇到现实的婚姻生活，浪漫的爱情立刻就会溃不成军，因为你喜欢的那个浪漫的人，进了围城之后就再也无法继续浪漫了，这样你会失望，失望到你以为他在欺骗你；而如果那个浪漫的人在围城里继续浪漫下去，那你就得把生活里所有不浪漫的事都担持下来，那样，你会愤怒，你以为是他把你的生活全盘颠覆了。

雪儿自视清高,把精神共鸣和情趣一致作为唯一的择偶条件,她期望组织一个精神生活充实、有较强支撑感的家庭,她希望夫妻之间不仅有共同的理想追求和生活情趣,而且有共同的思想和语言。可是事实证明她错了,她的错误并不在于对对方的学识和情趣提出较高的要求,而在于这种要求有时比较偏狭和单一。实际上,伴侣之间的情趣,并不一定限于相同层次或领域的交流,它的覆盖面是很广泛的,知识、感情、风度、性格、谈吐等都可以产生情趣,其中,情感和理解是两个重要部分。情感是理解的基础,而只有加深理解才能深化彼此间的情感,双方只要具备高度的悟性,生活情趣便会自然而生。

丹丹的爱也许有些傻气,但是恰恰是这种随遇而安的爱使她得到了他人难以企及的幸福。爱情中感觉的确很重要,感觉对了,就不要考虑太多,不然,会错过好姻缘的。将来的一切其实都是不确定的,不确定的才是富于挑战的,等到确定了,人生可能也就缺少了不确定的精彩了。丹丹很庆幸自己及时把握了自己的感觉,青春的爱情无法承受一丝一毫的算计和心术,上天让丹丹和陈军相遇得很早,但幸福却并没有给他们太少。

那些像丹丹一样顺利地建立起家庭的女士,似乎都有一个共同的心理特征,即方圆而为,率性而立,她们敢于决断,不过分挑剔。爱情中的理想化色彩是十分宝贵的,但是理想近乎苛求,标准变成了模式,便容易脱离生活实际,显得虚幻缥缈。

现实生活中女人寻找的是"白马王子",男人寻找的则是才貌双全的"人间尤物",他们寄予爱情与婚姻太多的浪漫,这种过于理想化的憧憬,使许多人成了爱情与浪漫的俘虏。所以,奉劝那些尚未走进婚姻殿堂的男男女女,爱得实际一点,不要给予爱情太高的期望。

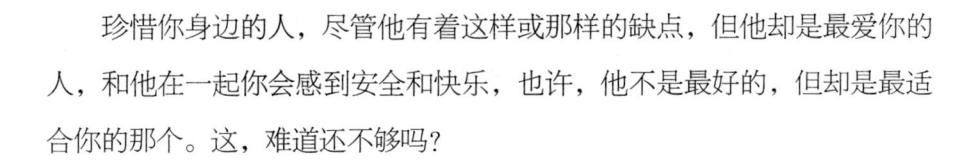

珍惜你身边的人，尽管他有着这样或那样的缺点，但他却是最爱你的人，和他在一起你会感到安全和快乐，也许，他不是最好的，但却是最适合你的那个。这，难道还不够吗？

真诚和在乎就是最好的浪漫

爱需要挑剔，更需要珍惜。一味寻求浪漫的人，最容易忽略情侣深沉真挚的爱。

他是个很不错的人，对她也体贴，但是他话不多，也没有幽默感。而她偏偏喜欢日子充满情趣和浪漫，日子久了，她觉得他们相处的日子显得沉闷而压抑。她感到不满，说："你怎么没一点情调？爱情不应当是这样的。"他尴尬地笑笑："我怎么才能有情调？"

后来，她想离开他。他忧伤地问："为什么？"她说："我讨厌这种死水般的生活。"他问："能不能不走？"她说："不可能！"他又问："能不能有另外一种可能？如果今晚下雨了，就说明天意留人。"她看看阳光灿烂的天空："如果没有下雨呢？"他无奈地说："那我只好听从天意。"

到了晚上，她躺下了，但又睡不着，忽然听到窗外哗啦啦的雨滴声，她一惊："真下雨了？"她起身走到窗前，窗户上正淌着水，望望夜空，不对呀，正满天繁星，这就怪了。她忙走出门外，爬上楼顶，天啊！他正在楼上一勺一勺地往楼下浇水。她心里一动，从背后轻轻地把他抱住。

此刻她才发现，他对她的真诚和在乎就是最好的浪漫。

浪漫是爱情的一种调味品，没有人不喜欢浪漫，无论是年轻人还是老年人，无论是富人还是穷人，只是表达的方式各有不同。但浪漫并不是生活的全部，平实的关爱才是最动人的，如果爱是真诚的，那么就不要在乎是平实还是浪漫。

在很多人看来，恋爱和浪漫几乎是等同的两个单词。放眼望去，周围的情侣几乎都有比五花八门的言情小说还要炫目的浪漫体验。似乎每个人的爱情都有特别之处，有的有着奇异的相识经过，有的有着曲折的追求过程，有的沉浸于鲜花、烛光晚餐、小夜曲和郊游的幸福之中。但是几乎每个人都觉得自己的恋爱很平庸，即使是那些被羡慕的情侣也不觉得自己有什么特别浪漫之处，这真是件奇怪的事情。

其实恋爱本来就是很平实的东西，有一些浪漫的亮点，但更多的是平淡无奇，而你看到的总是别人生活中的亮点，体味的总是自己生活中的平淡。其实浪漫与不浪漫又有什么？

能够衡量爱情的并不是物质

爱是什么？它就是平凡的生活中，不时溢出的那一缕缕幽香。

真正的爱情可以穿越外表的浮华，直达心灵深处。然而，喜爱猜忌的人们却在人与人之间设立了太多屏障，乃至于亲人、爱人之间也不能以坦

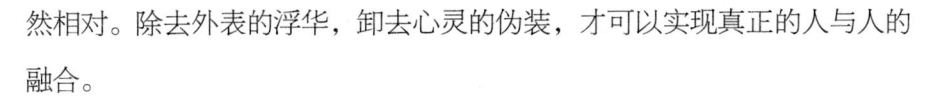

Chapter 6　最美的情歌，只唱给懂的人听

然相对。除去外表的浮华，卸去心灵的伪装，才可以实现真正的人与人的融合。

那年情人节，公司的门突然被推开，紧接着两个女孩抬着满满一篮红玫瑰走了进来。

"请茹茹小姐签收一下。"其中一个女孩礼貌地说道。

办公室的同事们都看傻眼了，那可是满满一篮红玫瑰，这位仁兄还真舍得花钱。正在大家发怔之际，文文打开了花篮上的录音贺卡："茹茹，愿我们的爱情如玫瑰一般绚丽夺目、地久天长——深爱你的峰。"

"哇塞！太幸福了！"办公室开始嘈杂起来，年轻女孩子都围着茹茹调侃，眼中露出难以掩饰的羡慕光芒。

年过三十的女主管看着这群丫头微笑着，眼前的景象不禁让她想起了自己的恋爱时光。

老公为人有些木讷，似乎并不懂得浪漫为何物，她和他恋爱的第一个情人节，别说满满一篮红玫瑰，他甚至连一枝都没有买。更可气的是，他竟然送了她一把花伞，要知道"伞"可代表着"散"的意思。她生气，索性不理他，他却很认真地表白："我之所以送你花伞，是希望自己能像这伞一样，为你遮挡一辈子的风雨！"她哭了，不是因为生气，而是因为感动。

诚然，若以价钱而论，一把花伞远不及一篮红玫瑰来得养眼，但在懂爱的人心中，它们拥有同样的内涵，它们同样是那般浪漫。

爱，不应以车、房等物质为衡量标准；在相爱的人眼中，不应有年老色衰、相貌美丑之分。爱是文君当垆沽酒的执着与洒脱，爱是孟光举案齐眉的尊重与和谐，爱是口食清粥却能品出甘味的享受与恬然，爱是"执子之手，与子携老"的死生契阔。在懂爱的人心中，爱俨然可以超越一切的世俗纷扰。

当一生的浮华都化作云烟，一世的恩怨都随风飘散，若能依旧两手相牵，又何惧姿容褪尽、鬓染白霜。

在爱情里，谁也不是谁的全部

生活中，很多人心甘情愿为爱人付出所有。追随对方的脚步，顺应对方的想法，快乐着对方的快乐，却独独忘了自己，忘了爱情应该是相互的，应该是保留自我的。世界上没有谁对谁的付出是理所当然的，也没有谁对谁的付出是一种义务。所以爱别人的时候，也别忘了好好爱自己。

花信年华的莎莎，在对爱情充满了浪漫幻想的时候，爱情不期而至。技校毕业后，她来到一家公司做打字员，与本公司的一个部门经理互生爱慕之情。他比她大八岁，他时常像个大哥哥一样照顾她，无论是在生活还是工作上。随着时光的流逝，他那一腔的柔情蜜意使单纯的她很快便迷失了自己，觉得再也离不开他了，于是他们同居了。

最初的日子可以说是甜蜜的，莎莎将自己的一切毫无保留地奉献给了他，她的爱，她的时间，她的青春……每天除了上班，她的时间都用在做家务上，收拾他们的小巢，为他洗衣服，做好美味等他品尝。这样的日子过了两个月，他渐渐变了，待她察觉到他的变化时，他们之间全没了最初的和谐和挚爱。他不再像从前那样疼爱她、照顾她，反而在家里成了"甩手大爷"，心安理得地享受着莎莎的细心侍候，甚至连换液化气罐、修抽

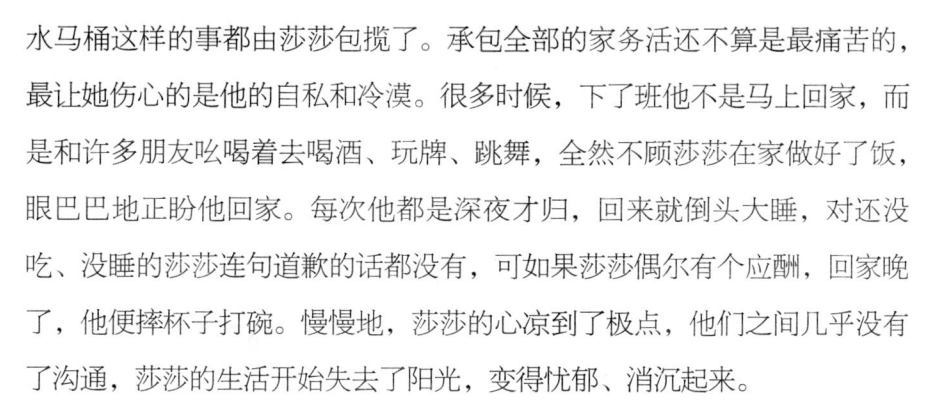

水马桶这样的事都由莎莎包揽了。承包全部的家务活还不算是最痛苦的，最让她伤心的是他的自私和冷漠。很多时候，下了班他不是马上回家，而是和许多朋友吆喝着去喝酒、玩牌、跳舞，全然不顾莎莎在家做好了饭，眼巴巴地正盼他回家。每次他都是深夜才归，回来就倒头大睡，对还没吃、没睡的莎莎连句道歉的话都没有，可如果莎莎偶尔有个应酬，回家晚了，他便摔杯子打碗。慢慢地，莎莎的心凉到了极点，他们之间几乎没有了沟通，莎莎的生活开始失去了阳光，变得忧郁、消沉起来。

莎莎曾几次收拾好了行李想离开这个无爱的窝，离开这个冷漠的人，可是拎起包又没有走的勇气。当初为了和他在一起，她已经和家里闹翻了，父母已经不再认她这个女儿了，她也觉得自己没有脸面再回到父母身边了。可是留在这里干吗呢？她和他在一起像夫妻又不是夫妻，像恋人却没有恋人间的亲密，像朋友却没有朋友间的真诚。莎莎对自己的未来感到越来越迷惘了，本该朝气蓬勃的她脸上却布满了怨愤和无奈，使她看上去好像已历尽了人世的沧桑。

莎莎的悲剧就在于她在爱情中迷失了自己，她每天生活的主要内容就是围着所爱的人转，完全丧失了自我。她爱得不够成熟，不够理智，她不能在爱中丰富自己、充实自己。一个人如果不能在爱中保持完整的自我，充分体现自我存在的价值，那么这样的爱情就无法持久，就没有生命力，当爱情遇到挫折时，也无法去坚强面对打击。

生活中有很多人都是这样，他们在爱对方的同时失去了自我，将对方看作自己生活的全部，将得到对方的爱看成是自己生活的唯一支柱。可悲的是，你的爱对他来说，反而是一种压力，他会因此从你身边逃开，因此，无论你有多爱对方，都务必要在爱中坚守一个独立、完整、崭新的自我，这样你才能够品尝到爱情的甜蜜。

失恋，只是失去不爱你的人

爱情是两个原本不同的个体相互了解、相互认知、相互磨合的过程。磨合得好，自然是恩爱一生，磨合得不好，便免不了要劳燕分飞。当一段爱情画上句号，不要因为彼此习惯而离不开，抬头看看，云彩依然那般美丽，生活依旧那般美好。其实，除了爱情，还有很多东西值得我们为之奋斗。

放下心中的纠结你会发现，原本我们以为不可失去的人，其实并不是不可失去。你今天流干了眼泪，明天自会有人来逗你欢笑。你为他（她）伤心欲绝，他（她）却与别人你侬我侬，自得其乐，对于一个已不爱你的人，你为他（她）百般痛苦可否值得？

一个失恋的女孩在公园中哭泣。

一位老者路过，轻声问她："你怎么啦？为什么哭得这样伤心？"

女孩回答："我好难过，为何他要离我而去？"

不料老者却哈哈大笑，并说："你真笨！"

女孩非常生气："你怎么能这样，我失恋了，已经很难过，你不安慰我就算了，还骂我！"

老者回答说："傻瓜，这根本就不用难过啊，真正该难过的应是他！要知道，你只是失去了一个不爱你的人，而他却是失去了一个爱他的人及

Chapter 6　最美的情歌，只唱给懂的人听

爱人的能力。"

是的，离开你是他的损失，你只是失去了一个不爱你的人，离开一个不爱你的人，难道你真的就活不下去吗？不，这个世界上没有谁离不开谁，离开他你一样可以活得很精彩。请相信缘分，不久的将来，你一定可以找到一个比他更好，更懂得珍惜你的人。是的，与其怀念过去，不如好好把握将来，要相信缘分，未来你可能会遇到比他更好的，更懂得珍惜你的人！

有些事，有些人，或许只能够作为回忆，永远不能够成为将来！感情的事该放下就放下，你要不停地告诉自己——离开你，是他的损失！

肖艳艳一直困扰在一段剪不断、理还乱的感情里出不来。

吴清的态度总是若即若离，其人也像神龙一样，见首不见尾。肖艳艳想打电话给他，可是又怕接的人会是他的女朋友，会因此给他造成麻烦。肖艳艳不想失去他，可是老是这样，有时自己也会觉得很无奈，她常常问自己："我真的离不开他吗？""是的，我不能忘记他，即使只做地下的情人也好。只要能看到他，只要他还爱我就好。"她回答自己。

但是该来的还是会来。周一的下午，在咖啡屋里，他们又见面了。吴清把咖啡搅来搅去，一副心事重重的样子。肖艳艳一直很安静地坐在对面看着他，她的眼神很纯净。咖啡早已冰凉，可是谁都没有喝上一口。

他抬起头，勉强笑了笑，问："你为什么不说话？"

"我在等你说。"肖艳艳淡淡地说。

"我想说对不起，我们还是分开吧。"他艰涩地说，"你知道，这次的升职对我来说很重要，而她父亲一直暗示我，只要我们近期结婚，经理的位子就是我的。所以……"

"知道了。"肖艳艳心里也为自己的平静感到吃惊。

他看着她的反应，先是迷惑，接着仿佛恍然大悟了，忙试着安慰说："其实，在我心里，你才是我的最爱。"

肖艳艳还是淡淡地笑了一下，转身离开。

一个人走在春日的阳光下，空气中到处是春天的味道，有柳树的清香，小草的芬芳。肖艳艳想："世界如此美好，可是我却失恋了。"这时，刺痛突然在心底弥漫。肖艳艳有种想流泪的感觉，她仰起头，不让泪水夺眶而出。

走累了，肖艳艳坐在街心花园的长椅上。旁边有一对母女，小女孩眼睛大大的，小脸红扑扑的。她们的对话吸引了肖艳艳。

"妈妈，你说友情重要还是半块橡皮重要？"

"当然是友情重要了。"

"那为什么月月为了要萌萌的半块橡皮，就答应她以后不再和我做好朋友了呢？"

"哦，是这样啊。难怪你最近不高兴。孩子，你应该这样想，如果她是真心和你做朋友就不会为任何东西放弃友谊，如果她会轻易放弃友谊，那这种友情也就没有什么值得珍惜的了。"母亲轻轻地说。

"孩子，知道什么样的花能引来蜜蜂和蝴蝶吗？"

"知道，是很美丽很香的花。"

"对了，人也一样，你只要加强自身的修养，又博学多才。当你像一朵很美的花时，就会吸引到很多人和你做朋友。所以，放弃你是她的损失，不是你的。"

"是啊，为了升职放弃的爱情也没有什么值得留恋的。如果我是美丽的花，放弃我是他的损失。"肖艳艳的心情突然开朗起来了。

若是一个人为名利前途而放弃你们之间的感情，你是不是应该感到庆幸呢？很显然，这样的人不值得你去爱。

事实告诉我们，对待感情不可过于执着，否则伤害的只能是自己。

曲终人散，又何苦意犹未尽

曾几何时，她与你心心相印、海誓山盟，约定白头到老、相携相扶，然而，随着空间的阻隔、时间的流逝，那份你侬我侬，逐渐淡而无味，乃至随风散去。宿命就是如此，情缘未必遂人愿，并非每个人都能拥有缘，亦不可能每份缘都能被牢牢抓在手中。尘世间的聚聚散散、分分合合，在生活中演绎出多少悲悲喜喜、恩恩怨怨。有时有缘无分，君住长江头，我住长江尾，日日思君不见君；有时有情无缘，执手相看泪眼，竟无语凝噎。凡此种种，皆是人世间的大痛，可谁能料定？谁又能改变？

人生本来就有太多的未知，若无缘，或许只是一个念头、一次决定，便可了断一份情、丧失一份爱。一见钟情是为了缘，分道扬镳也是为了缘，宿命如此，人生亦如此。爱情是变化的，任凭再牢固的爱情，也不会静如止水，爱情不是人生中一个凝固的点，而是一条流动的河。所以，并不是有情人都能成眷属，亦不可说每个美丽的开始都会有美满的结局。你叹也好、恼也罢，事实就是如此，本无道理可言。也正因如此，人世间才会出现那么多的不甘与苦痛。

吴海洋和王媛媛是华南某名牌大学的高才生。他们俩既是同班同学，又是同乡，所以很自然地成了形影不离的一对恋人。

一天，吴海洋对王媛媛说："你像仲夏夜的月亮，照耀着我梦幻般的诗意，使我有如置身天堂。"王媛媛也满怀深情地说："你像春天里的阳光，催生了我蛰伏的激情。我仿佛重获新生。"两个坠入爱河的青年人就这样沉浸在爱的海洋中，并约定等吴海洋拿到博士学位就结成秦晋之好。

半年后，吴海洋负笈远洋到国外深造。多少个异乡的夜晚，他怀着尚未启封的爱情，像守着等待破土的新绿。他虔诚地苦读，并以对爱的期待时时激励着自己的意志。几年后，吴海洋终于以优异的成绩获得博士学位，处于兴奋状态的他并未感到信中的王媛媛有些许变化，学业期满，他恨不得身长翅膀脚生云，立刻就飞到王媛媛身边，然而他哪里知道，昔日的女友早已和别人搭上了爱的航班。吴海洋找到王媛媛后质问她，王媛媛却真诚地说："我对你已无往日的情感了，难道必须延续这无望的情缘吗？如果非要延续的话，你我只能更痛苦。"吴海洋只好退到别人的爱情背面，默默地舔舐着自己不见刀痕的伤口。

诚然，只要真心爱过，分离对于每个人而言都是痛苦的。不同的是，聪明的人会透过痛苦看本质，从痛苦中挣脱出来，笑对新的生活；愚蠢的人则一直沉溺在痛苦之中，抱着回忆过日子，从此再不见笑容……

不过，千万不要憎恨你曾深爱过的人，或许这就是宿命，或许他（她）还没有准备好与你牵手，或许他（她）还不够成熟，或许他（她）有你所不知道的原因。不管是什么，都别太在意，别伤了自己。你应该意识到，如此优秀的你，离开他（她）一样可以生活得很好。你甚至应该感谢他（她），感谢他（她）让你对爱情有了进一步的了解，感谢他（她）让你在爱情面前变得更加成熟，感谢他（她）给了你一次重新选择的机会，他（她）的离去，或许正预示着你将迎接一个更美丽的未来。

Chapter 6 最美的情歌，只唱给懂的人听

有些人，并不值得你落泪

错了的，永远对不了。不该拥有的，得到了也不会带给你快乐。

错位的感情即使得到了也不会幸福。所以，任何人在选择自己的爱人时都应该仔细想想，不要苛求那份本不该属于你的感情。现实是残酷的，一旦让感情错位，你所得到的结果就只会是苦涩。

王燕大学毕业后不久就与男朋友文华同居了，可是令她没有想到的是，文华竟背着她跟在法国留学的前任女友藕断丝连。后来他在前女友的帮助下，很快就办好了去法国留学的签证。这时一直蒙在鼓里的王燕才知道事情的真相，就在她还未来得及悲伤的时候，文华已经坐上飞机远走高飞了。没有了文华，王燕也就没有了终成眷属的期待，她决心化悲痛为力量，将业余时间都用在学习上，准备报考研究生，她想充实自己，也想在美丽的校园里让自己洁净身心。

可是就在这时她发现自己怀上了文华的孩子，唯一的方法是不为人知地去做人工流产，而她的家乡并不在这里，她实在找不到可以托付的医院或朋友。

她的忧郁不安被她的上司肖科长发现了，一天，下班后办公室里只剩下王燕一个人时，肖科长走了进来，他盯着她看了好半天，突然问起了她的个人生活情况。这一段时日的忧郁不安使王燕经不起一句关切的问候，

她不由得含着眼泪将自己的故事和盘托出。第二天肖科长便带她到一家医院，她顺利做完了手术，他又叫了一辆出租车送她回到宿舍，并为她买了许多营养品。

从那以后，她和肖科长之间仿佛有了一种默契，既已让他分担了她生命中最隐秘的故事，她就不由自主地将他看作自己最亲密的人了。有一天，她在路上偶然遇到肖科长和他爱人，当时正巧碰上他爱人正在大发脾气，肖科长脸色灰白，一声不吭，他见到王燕后，满脸尴尬。

第二天，肖科长与她谈到他的妻子，说她是一家合资企业的技术工人，文化不高收入却不低，在家中总是颐指气使，而且在同事和朋友面前也不给他留面子，他做男人的自尊已丧失殆尽。说着说着，他突然握住她的手，狂热地说："我真的爱你。"她了解他的无奈和苦恼，也感激他对自己的关心和帮助，虽然明知他是有妇之夫，但还是身不由己地陷了进去。

不知是出于爱的心理还是知恩图报，反正她从此成了他的情人，他对她说得最多的一句话就是："我是真的喜欢你，你放心，我很快就会办离婚。"可是从来不见他开始行动。她心里明白，他不可能离开老婆孩子，但只要他真心爱她，她可以等待。

他们经常在办公室里幽会，时间一过就是两年，她无怨无悔地等了他两年。一天晚上，当肖科长正狂热地亲吻她时，办公室的门突然被撞开了，单位里另一个科的陶科长一声不吭地在门口站了一会儿，一言不发就走开了。肖科长顿时脸色惨白，原来，陶科长正在与他争夺晋升副局长一职，可见陶科长处心积虑地窥探他们已有多时。肖科长惊慌失措，仓皇地离她而去。她预料到会有事情发生，果然，他捷足先登，到上级那里交代，他痛心疾首地说自己一时糊涂，没能抵挡住她投怀送抱的诱惑。

她气愤至极，赶到他家里要讨个说法，她毕竟涉世未深，她还是个女孩子。他爱人不明就里，把她让到书房。不一会儿，她看到肖科长扛着一袋大米回来了，一进门就肉麻地叫着他爱人的小名，分明是一位体贴又忠诚的丈夫。然后他直奔厨房，系起了围裙，等他爱人好不容易有空告诉他有客人来了时，他甩着两只油手，出现在书房门口，一见是她，大张着嘴半天说不出一句话。

刹那间，她的心泪如滂沱，为自己那份圣洁的感情又遭践踏，也为自己真心错许眼前这个虚伪软弱的男人，所有的话都没有必要再说，她昂首走出了房门。

自尊心很强的她带着一身的创伤，辞职离开了这个给了她太多伤心的城市，从此开始了漂泊的生活。

从古至今，无数痴情人在等待中度日如年，憔悴年华。他们执着地等待，是以为自己没有错，以为心诚能使铁树开花。然而在男女的特定关系中，最难用是非对错来衡量，更多的却是心智、策略和手段的较量与契合，有时等待是合理的，有时等待就是一种浪费，比如爱上有夫之妇或者有妇之夫，这样的等待，时间越长，伤害就越大。在婚外恋中，当事人并非不知什么是应该做的，什么是不应该做的，其实他们心中是雪亮的，只是有时是身不由己，有时是故意与自己过不去。

有句话说得好："在对的时间遇到对的人，得到的将是一生的幸福；在错误的时间里遇到错误的人，换回的可能就是一段心伤。"在感情的故事里，有些人你永远不必等，因为等到最后受伤的只会是你自己。

有一种好爱人，叫下一个

人生最怕失去的不是已经拥有的东西，而是失去对未来的希望。

爱情如果只是一个过程，那么失去爱情的人正是在经历人生应当经历的，如果要承担结果，谁也不愿意把悲痛留给自己。要知道，或许下一个他更适合你。

郑艳雪花龄之际爱上了一个帅气的男孩，然而对方不像郑艳雪爱他那样爱她。不过，那时的郑艳雪对爱情充满了幻想，她认为只要自己爱他就足够了，自己只要有爱，只要能和自己爱的人在一起，这一辈子就是幸福的。于是，情窦初开的郑艳雪不顾闺密劝说，毅然决然地嫁给了那个男孩。然而，婚后的生活与郑艳雪对于爱情的憧憬完全是两个样子，从结婚那天起，郑艳雪的幸福就告一段落。她的丈夫爱喝酒，只要喝醉了就对她拳脚相加，即便是在外边惹了气，回到家中也要拿她来撒气。两年以后，郑艳雪产下一女，丈夫对她的态度更不如前，就连婆婆也对她骂不绝口，说她断了自家的香火。

后来，她丈夫又勾搭上了别的女人，终日里吵着要离婚，最终郑艳雪忍受不了屈辱，签下离婚协议书，带着不足三岁的女儿远走他乡。

年近三十的郑艳雪虽然被无情的岁月、艰难的命运褪去了昔日的光鲜，却增添了几分成熟女人的韵味，依旧展现着女人最娇艳的美丽。于是，便有媒人上门提亲，据说对方是个过日子的男人，就因为当年成分不好耽搁了终身大事，改革开放后靠手艺吃饭。郑艳雪因为想给女儿一个完整的家，所以当时并没有考虑对方是不是自己爱的人，没有多问就嫁给了那个叫孙立佳的男人。

过门以后郑艳雪才发现，那个男人长得又黑又丑，满口黄牙，而且他所谓的手艺也只是顶风冒雨地修鞋而已。见到孙立佳的那一刻，别说爱上他了，郑艳雪心中甚至有一种上当受骗的感觉，但是她知道，自己已经没有任何退路了。

然而，就是这样一个不起眼的丑男人，却让她深切体会到了男女之间真正的爱情。

结婚之后，孙立佳很是宠她，不时给她买些小玩意儿，比如一个发夹，一支眉笔……有一次，甚至还给她带回了几个芒果。在以往近30年的岁月中，郑艳雪从来没有用过这些东西，更不用说吃芒果了。

在吃芒果的时候，孙立佳只是傻傻地看着她，自己却不吃。郑艳雪让他："你也吃。"他却皱眉："我不爱吃那东西，看你喜欢吃我就高兴。"后来，郑艳雪在街上看到卖芒果的，过去一问才知道，芒果竟要二十几元一斤，她的眼睛瞬间红了起来。

那么香甜可口的东西他怎么可能不爱吃？他是舍不得吃呀，是为了让她多吃一些啊！

爱情不是一次性的物品，用完了就不能再用。那段逝去的感情或许只是宿命中的一段插曲，那个不再爱你的人应该只是宿命中的过客而已。上天对每个人都是公平的，他为你安排了一段不完美的爱情，或许只是为了了结前世的孽缘，而真正爱你的人，一定会在不远处等着你，只要你不放弃。

其实，现实人生里，没有人是像电影小说、流行歌曲所形容的那样幸福地可以恋爱一次就成功，永远不分开的。大多数人都是经历过无数的失败挫折才可以找到一个可长相厮守的人。

所以当你失去爱情时，当你们不可能永远在一起时，你应该告诉自己："还有下一次，何必去计较呢？"无论你这次跌得多痛，也要鼓励自己，坚强起来，重拾那破碎的心，去等待你的"下一次"。

Chapter 7
明白得失的意义，才知道该抓紧什么

　　失去的痛苦是因为执意拥有。一味地索取，就会变得贪得无厌，一味在乎自己的得失，则会裹足不前。知足常乐吧！没有永远的高歌猛进，也没有永远的低谷徘徊。在幸福与消沉之中懂得取舍，学会进退。佛曰："得失随缘，心无增减。"

生活中，总有赶不上的公交车

生活中有一种痛苦叫错过。人生中一些极美、极珍贵的东西，常常与我们失之交臂，这时的我们总会因为错过美好而感到遗憾和痛苦。那是因为我们没有领悟。

相信所有的上班族都有这样的体会，我们经常为了追赶公交车而大力奔跑。于是为了尽量不把时间浪费在路途中，我们总是估算好公交车进站的时间，好让自己在公交车进站的那一刻正好踏上站台，如果还能站到队伍的前面得到个座位，那就更完美了。

然而，人算总是不如天算，我们常常是远远看到自己要坐的那辆公交车在站台上停靠，待我们即将冲到之时，车子却徐徐启动了，只留下我们怅然若失地望着公交车绝尘而去。

这个时候的我们开始后悔，如果早半分钟出来，事情的结果就不一样了。接着，无数种可以改变剧情的假设出现在头脑中：如果我还能跑得再快一点，如果司机师傅启动得再慢一点，如果再多几个上车的乘客……但所有的假设终归是假设，我们唯一可以控制的，就是早出来半分钟。

于是，为了给自己留下充足的时间，我们特意提前出门了，但公交车还是会与我们擦肩而过。原来，之前的那趟车还没来，而它之前的公交车却已开走了。

Chapter 7　明白得失的意义，才知道该抓紧什么

其实，就算我们再提前五分钟、十分钟，这个世界上，还是会有我们赶不上的公交车。路的前方还有前方，前方是没有止境的。

熙来攘往的车辆，宛若人生中不断出现的人、事、物。他们一个接着一个出现，恰似到达站台上的公交车。每辆车都有着各自的方向，不同的车辆为不同路线的乘客提供方便，陪着他们驶向各自的终点。

不适合你的那辆车，非但不能给你提供便捷，反而会让你偏离既定的方向。很少有人只是为了乘车而随意踏上其中的一辆，但很多人会因为刻意谋取些什么而轻易迷失。

更多的时候，你所希望得到的，恰如你追赶不上的公交车，即便它从你身边驶过，但如果时间地点不对，也不会因为你的招手立刻停下。你所能做的，也是应该做的，就是在站台上守候下一个希望。

这世上，总有一些东西我们会错过。于是，人生便有了"遗憾"这个词。仔细想想，遗憾能带来什么？只是一种难以诉说的隐痛而已。所以，不要再为错过掉眼泪，佛法讲"万事随缘"，既然你与之无缘，就随它自去吧。

人生，要留一份从容给自己，这样就可以对不顺心的事，处之泰然；对名利得失，顺其自然。要知道，不是所有的事情你都能一并掌握，人生总是有得有失，有成有败，生命之舟本来就是在得失之间浮沉！美好的东西人人想要，但并不是人人都能得到，况且。错过了的美丽不一定就是遗憾。

有位旅行者听说有一处景色绝佳的胜地，于是发誓不惜一切代价也要找到它，一饱秀色。经历了数年的跋山涉水，饱尝了千辛万苦，他已经相当疲惫了，但依然云深不知胜地在何处。这时，有位老者给他指了一条岔路，告诉他，美丽的地方有很多，不必沿着一条路走到底。他按老者的话去做了，不久他就看到了许多异常美丽的景色，他赞不绝口，流连忘返，庆幸自己没有一味地去找寻梦中那个美丽的地方。

生活就是如此，跋涉于生命之旅，我们的视野有限，如果不肯错过眼前的一些景色，那么可能错过的就是前方更迷人的佳境。事实上，只有那些善于舍弃的人，才会欣赏到真正的美景。

与其藕断丝连，不如一刀两断

生活中要面对的"取舍"问题很多，不可取而又不愿舍的故事时常上演。比如，处在两个思维世界的男女朋友，感情冷淡、相互排斥、貌合神离的夫妻，为了种种的原因，就这样斩不断理还乱地勉强维持着关系，理由就是"这么多年的感情哪能说断就断"、"怎么说也要给孩子一个完整的家"，结果呢，一直生活在痛苦当中。不知身在其中的他和她，是否忘了，自己也可以拥有追求幸福的权利。又何必苦了自己，也苦了别人的一生呢？

说一个身边朋友的故事吧。

她，还很年轻的时候，就已经察觉到老公在外面有了别的女人，当时，她几乎都要崩溃了。令人未曾想到的是，她竟然把这件事强忍了下来，她的理由就是，"为了孩子"。为了孩子，她选择自己欺骗自己，就当这件事没有发生过，或者说就当自己没有发现过，继续维持着家庭的生活。但是，她毕竟是个有血有肉的人呀！长期生活在这样不幸的婚姻当中，压力、空虚和心理上的不平衡不断地冲击着她，当心理的承受能力达到极限时，她就会拿无辜的孩子来撒气，再到后来，甚至一想到这些事情，就乱骂、乱打孩子。无辜的孩子，常常就莫名其妙地遭了殃。而且，她还时常当着孩子面，用恶毒的语言讽刺、咒骂、攻击她的丈夫。长期生活在这样的家庭环境下，最后，孩子的精神世界也跟着崩溃了。现在，孩子已经长大成人，可是性格和行为上都有很大的缺陷。

我们思考一下，在这段婚姻中，真正受到最大伤害的人是谁？其实是孩子！当然，她的遭遇也是不幸的，但她处理问题的方式，使这个不幸所波及的范围在不断扩大，如今，她自己、她的孩子，甚至是她的丈夫和丈夫的情人，都成了这件事情的"受害者"。造成了这个局面，其实她已经输了，就输在了不舍、不甘和自以为是上，不是吗？

现在，她上了年纪，孩子也已经长大了。但是，可怜的孩子也变"坏"了，他感觉不到爱，也学不会宽容和爱，他的世界观、价值观、道德观都偏离了正确的轨道，说话和做事的方式非常极端偏激。家里的亲朋好友也曾尝试和孩子去沟通，可怜的孩子，他给出答案是："在这样一个没有温暖的家庭，谁管过我的感受？他们两个人三天一小吵，五天一大吵，谁真正用心关心过我？甚至还拿我当出气筒！他们之间出了问题，难道我就必须要受罪吗？他们生我出来，难道就是用来撒气的吗？亲生父母都这样，我对这个世界失望了。我只不过是为了自己而活着。"

看到孩子的状况，她终于清醒过来，认识到并能够真正去面对自己的错误了。可是，在她愿意放下自己心里面的固执，愿意去办离婚手续时，当初那个乖巧懂事的孩子却无论如何也回不来了，他不肯原谅自己的父母。她很想去补救，可是孩子根本不给他们机会，他对他们已经绝望了。可怜的她，在痛苦中生活了这么多年，已近黄昏，幡然醒悟，可是，又是否能够享受到儿孙承欢膝下的天伦之乐呢？

明知道是痛苦的生活模式，却固执地选择坚持，到最后，非但自己痛苦不堪，也间接连累他痛苦异常，不是吗？这是她犯下的最大错误，毁了自己，也毁了自己爱及不爱的人。

所以，当我们认识到，有些事情已经不能勉强、无法挽回的时候，不如问问自己：我干吗不放手呢？很多时候，感情也好，婚姻也好，其他的事情也好，明明知道接下来的坚持，会对自己或是别人都造成一定的伤害，我们还要不要一门心思犟到底呢？是不是就算伤害人也在所不惜？那么别忘了，你自己也会遍体鳞伤的！生活中的很多事情都是需要放手的，换个方式处理问题，也许真的就海阔天空了呢。

当然，很多事情的发生都有特定的背景，当事人的处境也各有不同，所以处事也因人而异，这都要靠自己的智慧来体会、解决、化解。在这里，把一份祝福送给上面的那位朋友吧！至少她现在懂得了放下，明白了取舍，这不也是一件好事吗？虽然这顿悟来得晚了一点，代价也确实很大，但今后她一定能从"取舍"中找到让自己幸福的方法，因为跌倒过，智慧就长出来了，不是吗？同时，也希望所有人都能懂得"取舍"，该取的取来就是，该放的就不要勉强，那么幸福就会一直跟着你走。

若要贪全，恐怕只会一无所得

A姑娘问闺密："为什么我一直感觉不到快乐呢？你看，研也上了，如意郎君也找到了，爸妈身体也很健康。为什么我总是觉得缺点什么呢？"

Chapter 7　明白得失的意义，才知道该抓紧什么

闺密问："你现在是不是觉得钱再多一点就好了？"

答："是。"

又问："你们是不是经常在一起琢磨，以后要买套海景房，买辆敞篷跑车？"

答："是。"

再问："你是不是经常担心男朋友在外面拈花惹草，即使是很正常的异性接触，你也会心生醋意？"

还是答："是。"

闺密最后说："那么，等你们有了票子、车子、房子、孩子以后，还是感觉不到快乐。因为你们还想要更好的房子、车子，还是会担心对方有外遇，你们还希望孩子能考上名牌大学出人头地。人，永远不会知足。"

是的，人永远不会知足，也不该彻底知足，因为人生会停滞，但我们对欲望应该有所控制。

我们的生活就好像是一杯白开水，一开始，杯子里的水清澈透明，不仅没有颜色，而且没有味道，这对于任何人来说都是一样的，在接下来的时间里，我们就可以任意地加糖、加盐，只要你喜欢。于是，便有许多人无谓地往杯子里面添加各种作料，直到杯子里面的水已经溢了出来，然而最后，喝到嘴里的水却总是会带有一种苦涩的味道。

那时他还年轻，凡事都有可能，世界就在他的面前。

一天清晨，上帝来到他的身边："你有什么心愿吗？说出来，我都可以为你实现，你是我的宠儿。但要记住，你只能说一个。"

"可是，"他不甘心，"我有许多心愿啊。"

上帝摇头："世间美好的东西实在太多，但生命有限，没有人可以得到全部，有选择就要有放弃。来吧，慎重地选择，永不后悔。"

他惊讶："我会后悔吗？"

上帝说："这没人知道。选择爱情就要忍受情感的煎熬；选择智慧就意味着痛苦和寂寞；选择财富就有钱财带来的麻烦……这世上有太多的人在选择一条路以后，懊悔自己没有走另一条路。仔细想想，你这一生真正想要的到底是什么？"

他想了又想，所有的渴望都纷沓而至，在他的周围飞舞——哪一件是不能舍弃的呢？最后，他对上帝说："让我想想，让我再想想。"

上帝应允："但是要快一点啊，我的孩子。"

此后，他一直在不断地比较和权衡，他用生命中一半的时间来列表，用另一半的时间来撕毁这张表，因为他总发现自己有所遗漏。

一天又一天，一年又一年，他不再年轻，他老了、更老了。上帝又来到他的面前："我的孩子，你还没有决定心愿吗？可你的生命只剩下五分钟了。"

"什么？"他惊叫道，"这么多年，我没有享受过爱情的快乐，没有积累过财富，没有得到过智慧，我想要的一切都没有得到。上帝啊，你怎么能在这个时候带走我的生命呢？"

五分钟后，无论他怎么痛哭求情，上帝还是满脸无奈地带走了他。

在世上有很多人，他们的一生都是在思索、选择中度过，而不是确切地去执行某一个选择。人生无处不是在选择，既然无法拥有一切，那就会有取有舍；若要贪全，恐怕最后只能是一无所得。

其实就算是你可以拥有整个世界，你一天也不过是吃三餐。这就是人生思索之后的一种醒悟，谁懂得其中的含义，谁就会过得轻松、活得自在，知足常乐，睡得安稳，走路自然也就会踏实，回首往事也就不会存在遗憾了。

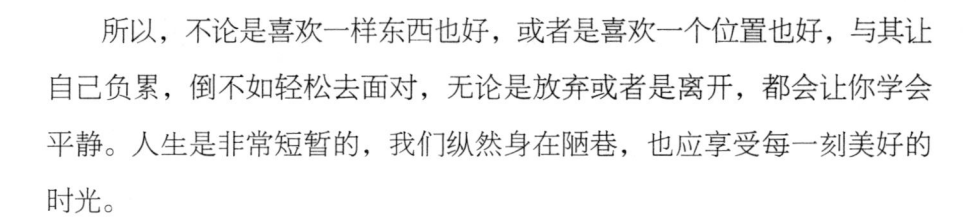

所以，不论是喜欢一样东西也好，或者是喜欢一个位置也好，与其让自己负累，倒不如轻松去面对，无论是放弃或者是离开，都会让你学会平静。人生是非常短暂的，我们纵然身在陋巷，也应享受每一刻美好的时光。

什么都不丢，可能什么都做不好

有的时候放弃并不意味着失败，而是对生命的过滤，对心灵的洗礼，对自己的重新认识。在我们的一生当中，需要完成的事情有很多，但是我们的精力毕竟是有限的，当面临一些选择的时候，就应该学会放弃。人生不仅要有所为，也应该要有所不为。而只有当我们舍弃了一些东西之后，我们的精力才能够更集中于必要的事情上。

在有"中国鞋王"之称的奥康集团内部流传着这样一个故事：在2005年第一季度工作总结报告会上，轮到公司事业部某经理汇报，该经理兴致勃勃地讲道："一季度原计划开店70家，最终开店110家，超额完成任务。"总裁王振滔听着听着皱起了眉头。"这叫严重超标，是很不好的工作习惯。"总裁直言不讳。原以为会得到表扬，换来的却是批评，事业部经理很委屈。他想不通，这么好的成绩却遭到责备。正欲争辩，王振滔迅速接上刚才的话茬，语重心长地说："你想想，你超标那么多，你的管理、物流和人员跟得上吗？如果不能保证质量，不仅不会形成有效的市场规模效益，反而打乱了原有的平衡，捡了芝麻丢了西瓜。盲目开店的结果只会是开一家，死一家，做了无用功。"

"这就好比一对夫妇原来只要一个孩子，可却生了三胞胎，对他们来说这绝对是件哭笑不得的事，家里一下子变成了五口人，人多是热闹了，但抚养不起啊。"善于打比方的王振滔循循善诱。"记住，合适才是最好的！"总裁最后强调。道理虽然简单，但这个注重合适的平衡之术确实让他的部下好好思量了一番。

合适的才是最好的，做什么事情都一样，多大的脚穿多大的鞋，小脚穿大鞋走起路来肯定不方便。什么都不舍得丢掉，结果可能什么都做不好。

有的时候，选择放弃恰恰是为了更好地获得，当我们放弃了手中的玫瑰，我们才能够去摘取娇艳的牡丹；当我们倒掉了杯中剩余的水之后，我们才能够盛入更多的新水；当我们舍弃了心中的烦恼的时候，我们才能为快乐腾出心灵的空间。现代社会竞争如此激烈，我们只有舍弃糟粕，才能够获得精华，更好地显示出自己的杰出。

纠结一时得失，未免得不偿失

世间事，凡有一得必有一失，凡有一失必有一得。你成熟了，失去的是青春；你成功了，可能失去的是健康；一些人饱尝人间风流的时候，失去了忠贞不渝的爱情和夫妻间的相濡以沫；儿孙满堂时，失去的却是一生。

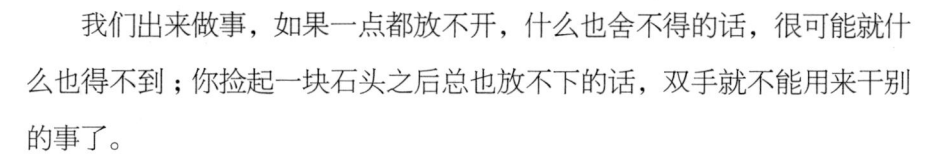

Chapter 7　明白得失的意义，才知道该抓紧什么

我们出来做事，如果一点都放不开，什么也舍不得的话，很可能就什么也得不到；你捡起一块石头之后总也放不下的话，双手就不能用来干别的事了。

一个人坐在轮船的甲板上看报纸。突然一阵大风把他新买的帽子刮落到大海中，他用手摸了一下头，看看那飘落的帽子，又继续看起报纸来。另一个人大惑不解："先生，你的帽子被刮入大海了！""知道了，谢谢！"他仍继续读报。"可那帽子值几十美元呢！""是的，我正在考虑怎样省钱再买一顶呢！帽子丢了，我很心疼，可它还能回来吗？"说完那人又继续看起报纸来。

我们都曾丢失过一些东西，也许是一件物，也许是一个人，也许对你而言很重要：譬如刚拿到手的薪水不翼而飞，譬如缠绵了几年的恋人移情别恋，当然，还有很多。当然，每个人都会怅然所失，而那些因此备受折磨的人，只是看不开罢了。看不开，是因为心理上还没有承认失去，还沉湎于已不存在的东西，却并没有想过如何去创造新的东西。老话说"旧的不去，新的不来"，不是这样吗？与其为丢了的钱包而懊恼，不如想想怎样挣更多的钱；与其为了恋人的离去以泪洗面，不如认真去寻找更适合你、更欣赏你的那一个。

人的精力总是有限的，如果什么都想得到，分心太散，很有可能什么都得不到，什么事也做不成。无论失去或得到，只要用一颗积极的心去面对，缺也会是圆。

两个人结伴去印度旅游，在准备返程的时候却丢了钱包。其中一个把自己去过的地方寻了个遍，问了许多人，还是一无所获，于是坐在酒店的房间里痴痴发呆。另一个发现丢了钱包以后，也责怪了自己的粗心，之后他开始考虑如何才能挣到回家的路费。他走进当地一家华人开的饭店，向老板说明情况以后，在这家饭店做起了小时工，为自己和同行的伙伴挣来了回家的路费，而且他还和这家饭店的老板成了好朋友，因为老板很佩服他处事的态度。

直到现在，一说起这件事来，他还很有感触："旅游就是为了让自己开心，时间那么短、趣事那么多，若是纠结于丢掉的一点钱财，未免太不值得了吧。"

一生不是只有一件事，我们还有很多事情要做，为了一时的失去徘徊不前，即使得，亦不偿失。又或许，失去意味着更好的得到。

你的欲望要有一个底线

人的欲望是无止境的，但是，我们要懂得为欲望设置底线。只要我们严格遵守这个底线，那么我们就不会成为欲望的奴隶，而且，我们会因为实现了自己的既定目标，从而感到快乐和幸福。痛苦和幸福其实仅仅是一念之差、一线之隔罢了。

有个商人带着女儿去看画展，旁边展厅正在举行一个拍卖会。商人心想：拍卖场是一个最残酷，也是最锻炼人的地方，对手就在眼前，一槌定乾坤。互相之间没有过多的时间思考，也没有回旋余地。于是，商人向女儿简单地讲解了一下竞拍规则，然后带她去参加。

这位商人的女儿选了一位音乐家收藏的塔罗牌，她非常崇拜这位音乐

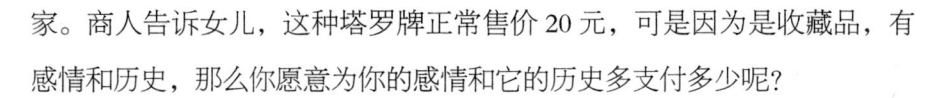

家。商人告诉女儿,这种塔罗牌正常售价20元,可是因为是收藏品,有感情和历史,那么你愿意为你的感情和它的历史多支付多少呢?

女儿听完之后想了想,说愿意付100元。商人说那好,100元加上原来售价20元,就是你的最高出价,也是底线,超过这个价格你就必须放弃了。

随着拍卖师的槌响,竞拍开始了。女儿开始举牌,而商人就坐在女儿的旁边,看着女儿一副非常紧张的样子,生怕别人和她竞价。

商人环视了一下周围,发现竞拍者还是不少,而竞拍的对手也并没有因为她是小孩子而放弃。已经加价到100元了,这个时候商人的女儿有一些泄气,小声嘀咕了一句:"糟了,快到了!"

商人一听,坏了,这是拍卖中最忌讳的,把自己的底牌亮了出来。商人用胳膊肘碰了女儿一下,女儿意识到自己说错话了,可是这已经无力挽回了。塔罗牌一路上涨,冲破120元的底线,女儿还想举牌,但是商人却制止了女儿的行动。

走出拍卖厅,商人安慰情绪低落的女儿:"你虽然没得到那副塔罗牌,但是你今天学到的东西比这副牌更有价值。首先,人的欲望是没有止境的,你今天学会为欲望设定底线,这已经非常好了,很多人失败就是没有控制好底线,成了欲望的奴隶。第二,输不要紧,关键的是要知道输在什么地方。你今天犯了两个技术性的错误,一个是让对手看出自己的经验不足;二是不该说那句话,把底牌亮给人家,这是商场大忌。其实在很多的时候,竞争者的水平往往是不相上下的,最终谁能够获胜,往往就取决于心态。拍卖会很显然就是一个浓缩的社会,参与者都是你的竞争对手,你必须想办法战胜他们。"

女儿听完之后,冲商人笑了笑,脸上依然还挂着失落的表情。商人问她，如果塔罗牌的主人不是那位音乐家，那么她还会这么喜欢吗？女儿摇摇头，商人说："你以前不是总问我，什么叫产品附加值？这其实就是产品的附加值。"

"其实我们每个人也是这样，你现在和班上同学站在同一条起跑线上，但是等到十年后你们的位置就不一样了，你的社会地位，生活质量，往往就取决于你的附加值——知识储备、工作经验和创新能力。其实这副塔罗牌，爸爸完全是可以买下来作为礼物送给你的，但是我还是希望你凭借自己的能力得到它。因为在这个过程中，你成长了，有了收获，这是我今天送给你的最好礼物。"

诚如其然，每个人的欲望都是无限的，如果我们不为我们的欲望设置底线，那么我们肯定就会成为欲望的奴隶，最终陷入不可自拔的深渊，让自己与幸福女神擦肩而过。而只有为自己的欲望设置底线，并且能够让自己严格遵守这个底线，我们才能保证自己的幸福指数，不让无尽的欲望毁了我们的幸福。

生命需要的仅仅是一颗心脏

财利，人人喜欢，可是日日在病，财利无法受用，还要破费财利。所以一个人健康，便算是有大财大利的了。有了健康才有求得其他一切的可能。

在现实生活中，对于健康与事业、金钱、地位等的关系，我们可以做

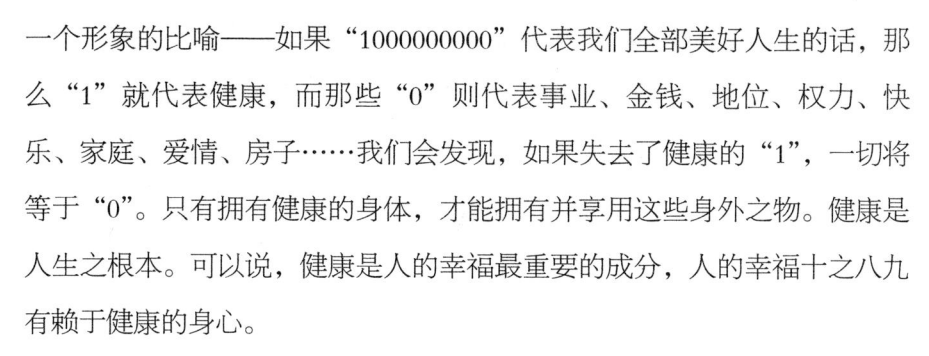

Chapter 7　明白得失的意义，才知道该抓紧什么

一个形象的比喻——如果"1000000000"代表我们全部美好人生的话，那么"1"就代表健康，而那些"0"则代表事业、金钱、地位、权力、快乐、家庭、爱情、房子……我们会发现，如果失去了健康的"1"，一切将等于"0"。只有拥有健康的身体，才能拥有并享用这些身外之物。健康是人生之根本。可以说，健康是人的幸福最重要的成分，人的幸福十之八九有赖于健康的身心。

1936年，美国好莱坞影星利奥·罗斯顿在英国一次演出时，因患心肌衰竭被送进了伦敦一家著名的医院——汤普森急救中心，因为他的疾病起因于肥胖，当时他体重385磅，尽管抢救他的医生使用了当时医院最先进的药物和医疗器械，但最终还是没有能够挽留住他的生命。他在临终时不断自言自语，一遍遍重复道："你的身躯很庞大，但你的生命需要的仅仅是一颗心脏。"

汤普森医院的院长为一颗艺术明星过早地陨落而感到非常伤心和惋惜，他决定将这句话刻在医院的大楼上，以此来警策后人。

1983年，美国的石油大亨默尔在为生意奔波的途中，由于过度劳累，患了心肌衰竭，也住进了这家医院，一个月之后，他顺利地病愈出院了。出院后他立刻变卖了自己多年来辛苦经营的石油公司，住到了苏格兰的一栋乡下别墅里去了。1998年，在汤普森医院百年庆典宴会上，有记者问前来参加庆典的默尔："当初你为什么要卖掉自己的公司？"默尔指着刻在大楼上的那句话说："是利奥·罗斯顿提醒了我。"

后来在默尔的传记里写有这样一句话："巨富和肥胖并没有什么两样，不过是获得了超过自己需要的东西罢了。"

多余的脂肪会压迫人的心脏，多余的财富会拖累人的心灵。

欲望是无止境的，我们不可能实现自己所有的欲望。既然完不成所有

165

的欲望，我们就试着做一些力所能及的，体验过程和结果，这其实也是一种幸福。而幸福，本身就是一种对努力的过程的感悟和结果的满意度。

默尔的选择显然是非常明智的，他的明智在于能够及时地领悟到了人生的真谛，人生应该过得快乐和轻松一些，不要让名利把自己束缚住，毕竟我们的一生能够承载多少负荷呢？

灵魂上的贫穷才是无法补救的

物质上的不足是容易弥补的，而灵魂的贫穷则无法补救。

生命的悲哀不在于贫穷，而在于贫穷时所表露的卑微，在于因为物质而变得无知，从而失去存在的价值感和方向感。所以，我们要随时检点自己的心灵，找到灵魂深处的闪光之处，别让它的灵光为物质所蒙蔽。

生活中常见有些人把金钱看得太重了，以至于认为金钱就是衡量一切的标准，心态已经到了严重失衡的地步。

赵本山老师曾在2003年春晚通过小品《心病》，深刻讽刺了物质水平提升后现代人的心理问题，当时我们捧腹大笑，感到十分滑稽。但就是这种滑稽的事情，在现实生活中也时有发生。

据《扬子晚报》报道，江苏宿迁一位李姓男士花两元钱买福利彩票，中了1254万元的大奖。因为过度紧张，他竟三天三夜不吃不喝不眠，还吓得去医院输了三天液。领奖时，他浑身颤抖，藏有中奖彩票的塑料袋密封条居然多次无法打开,甚至无法在完税单上签上自己的名字。

当意外之财到来时,他欣喜之余有了更多的担忧,彩票不计名、不挂失,存放彩票就成了大问题,彩票被他先后藏在家中的鞋柜、橱柜、冰箱、抽屉、衣柜、书橱等地,而且不停地变换。这位先生到了南京住进宾馆以后,如何保管彩票又让他烦恼无比,于是出现了让人无法理解的一幕:他去钟表店买了十个密封钟表零件的防水塑料袋,给中奖彩票穿上了六层"保护衣",确认完全防水以后,将彩票放进了抽水马桶里面,还每隔十分钟再去查看一次彩票的安全。直到领奖时,他还是不放心,对工作人员说:"你们一定要保密啊,一定要保证我的安全!"

买彩票中奖的概率本来就低,而中 1254 万元的大奖更是微乎其微。这位先生本来就不是一个富有的人,财富来得太突然,不仅没有带来欣喜,反而成为精神上的巨大负担。

中奖后的李先生几乎疯掉,这"天大的惊喜"他也不敢告诉妻子,"因为她有心脏病,怕太激动会出事"。有了自己的"深刻教训",李先生说自己先告诉妻子中了 50 万元,让她高兴一阵子后,再交出 50 万元,直到完全接受中大奖的事实。

李先生夫妇的事让人看了不免想笑,但笑过之后我们不妨客观地问问自己:倘若让"我"遇到了这等好事,又会怎样?会不会像《心病》中赵本山饰演的赵大宝一样,表面上对物质持一种超然的态度,实际上看得比人家还重?

财富这东西需要有,但不能为之癫狂,金钱面前要保持一种淡定的姿态,你淡定了,就不会被它左右,做出种种滑稽甚至是糊涂的事来。

所以说,人应该更多地去追求内在的东西、精神上东西,在精神上多丰富内心的生活,这才是幸福的源泉。外在的东西可能是构成幸福的某种条件，但也仅仅是条件而已，它可以对幸福有所帮助，但必须通过精神幸福才能转变。那么，又何必把物质看得太重？这不是本末倒置吗？

别用幸福为你的虚荣埋单

有的人在拥有和享受一些东西的同时，又在羡慕别人所拥有的东西。与此同时，他们忘记珍惜现在拥有的，只一门心思追求自己所没有的，最终的结果往往是疲惫不堪，使自己时刻都陷入忌妒不平当中。于是烦恼便也随之层出不穷，整个一生便陷入烦恼编织的网里了。

彤彤的幸福可以说毁在了一次聚会上，那次聚会让她觉得特丢脸。

露露算是这些朋友里最漂亮的，聚会时带了个新男朋友，据说是温州一家大企业的少主，家里在当地很有名望。露露拎了一个LV的包包，时不时地打开又收起来，生怕别人看不见。

琪琪大热的天居然围了一个皮草的小围巾，据说是在东北做皮草生意的男友送的，还一个劲儿地和大家说，这种皮草多么贵，保养如何如何讲究，配衣服如何如何难。搞得她自己现在就已经是皮草公司老板娘一样。

凯琳倒没穿戴什么名牌，但不停地提她那个既帅又有钱的男朋友，大谈他们的结婚计划，房子要在北京买，已经打算雇民工去排队买预约房位了。结婚旅行要到法国……

彤彤觉得自己最灰头土脸，男朋友在一家事业单位做事，虽说工作还

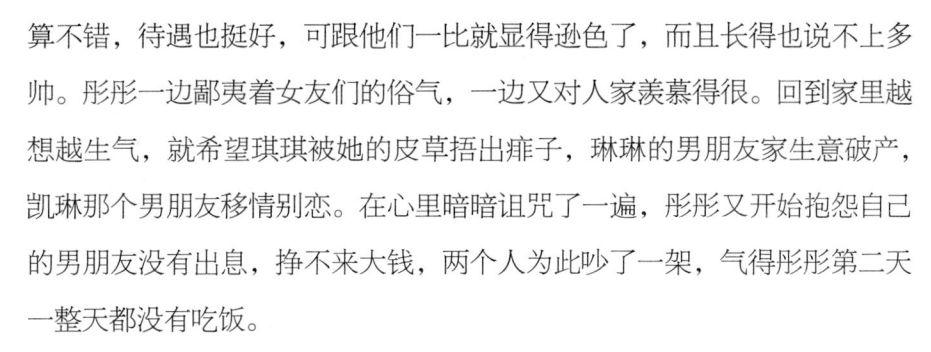

算不错，待遇也挺好，可跟他们一比就显得逊色了，而且长得也说不上多帅。彤彤一边鄙夷着女友们的俗气，一边又对人家羡慕得很。回到家里越想越生气，就希望琪琪被她的皮草捂出痱子，琳琳的男朋友家生意破产，凯琳那个男朋友移情别恋。在心里暗暗诅咒了一遍，彤彤又开始抱怨自己的男朋友没有出息，挣不来大钱，两个人为此吵了一架，气得彤彤第二天一整天都没有吃饭。

彤彤越想越不是滋味，终日郁郁寡欢，竟还为此病了一场。病好以后，她开始了各种理由的抱怨、折磨，男友心力交瘁，只能主动提出分手。

彤彤开始彻头彻尾改变自己，她的眼里，只容得下钻石王老五。她与现在的老公是在一个朋友的婚礼上认识的，婚礼结束后第三天，新郎新娘就组织了"答谢饭"。后来彤彤才知道，那顿"答谢饭"主要是新郎一个朋友——陈鹏张罗的，为的就是看看自己。陈鹏是某集团公司经理，也算是家族企业，家庭殷实。之所以至今未婚，朋友说是因为他太挑剔，家庭富裕顾虑就多，思想传统，一直想找一位背景单纯、贤惠持家的太太。

一心嫁入豪门的彤彤开始"包装"自己。陈鹏不希望找个女强人，很坚持"男主外，女主内"，所以彤彤第一次去陈鹏家见家长，就故意明确表示：自己在工作上没什么想法，还是觉得家庭更重要。

陈鹏喜欢单纯的女生，彤彤揣摩着说自己最大的爱好就是宅在家里。其实彤彤有一个"特长"——酒量超好，可和陈鹏谈恋爱以后，彤彤一直宣称自己不会喝酒。有一次几个朋友一起玩，有朋友在陈鹏面前说漏嘴了，彤彤马上极力否认，差点翻脸。这段恋爱，让朋友们从祝福变为尴尬。

最终，彤彤与陈鹏修成了正果，两人结婚。婚后，彤彤按陈鹏的意思辞掉工作，一门心思做个全职太太，但现在说起来，彤彤却有种"上了贼船"的感觉。

首先是家务问题，以前谈恋爱时，彤彤还可以糊弄，结婚后就纸包不住火了。陈鹏觉得彤彤越来越不会理事，即使不需要亲自动手的家务事，也需要人安排统筹，可彤彤一点意识也没有。

最关键的是，彤彤内心里对事业还是比较有追求和想法的，在家当全职太太让彤彤的才华被埋没了。彤彤几次提出想出去工作，但都被陈鹏一口否决了。

如今，两人已经走到了冷战边缘，彤彤感觉自己都要崩溃了。

可以说，彤彤现在每天都在"喝酒"，喝自己那杯当初酿的苦酒。

其实生命真正需要的并不多，人生无须太圆满，如果能原谅自己的欠缺，就不会与他人做无谓的比较，才能更珍惜自己现在所拥有的一切。

幸福与快乐其实并不像想象中那么复杂，它很简单，也很容易实现，但是，如若你总想着比别人过得都幸福，那却很难很难实现。毕竟，山外永远还有一座山。

其实我们根本无须羡慕别人的美丽花园，因为你也有自己的乐土。命运给了我们遗憾和苦难，但同时也赐予了我们欢乐和机遇，如果你懂得珍惜现在所拥有的一切，就会减少许多无奈与烦恼，多一些欢乐与阳光，你的人生也将更加幸福、更加快乐！

Chapter 7　明白得失的意义，才知道该抓紧什么

放松一点，别让压力伤了你

现代生活节奏不断加快，我们也在加快着自己的步伐，对于工作想用最短的时间获取最大的收获，对于娱乐休闲也想依此处理。然而，我们得到的却是越来越重的压力，似乎有永远也处理不完的事务、短暂而且无益的休闲、混乱的生物钟、提早衰老的身体……

随着健康的远离，我们甚至没有时间停下来想一想，生活的真谛在哪里？我们不否认"人应该努力工作"，但是在追求个人成就的同时，不应该舍弃自己的健康，否则就称不上高品质的生活。工作的同时也要学会娱乐，什么时候你学会为自己减压了，才能真正过上快乐幸福的生活。

有位医生在替一位卓越的实业家进行诊疗时，劝他多多休息，因为他的健康已经受到了严重的威胁。"我每天承担着巨大的工作量，没有一个人可以分担一丁点儿的业务。大夫，你知道吗？我每天都得提一个沉重的手提包回家，里面装的是满满的文件呀！"病人无奈地说道。

"为什么晚上要批那么多文件呢？"医生惊讶地问。

"那些都是必须处理的急件。"病人不耐烦地回答。

"难道没有人可以帮你的忙吗？助手呢？"医生问。

"不行呀！只有我才能正确地批示呀！而且我还必须尽快处理完，要不然公司怎么办呢？"

"这样吧！现在我开一个处方给你，你能否照着做呢？"医生思考了一会儿说。

处方规定：每天散步两小时；每星期空出半天时间到墓地去一趟。

病人莫名其妙地问道："为什么要在墓地待上半天呢？"

医生不慌不忙地回答："我是希望你四处走一走，瞧一瞧那些与世长辞的人的墓碑。你仔细思考一下，他们生前也与你一样，认为全世界的事都得扛在双肩，生活的幸福就是要靠他们一刻不停地工作来获取的，如今他们全都长眠于黄土之下，也许将来有一天你也会加入他们的行列。然而，整个地球的活动还是永恒不停地进行着，而其他世人则仍是如你一样继续工作。我建议你站在墓碑前好好地想一想这些摆在眼前的事实，看清楚你以健康为代价换来的生活是否让你觉得幸福。"

医生这番苦口婆心的劝说，终于敲醒了病人的心灵，他依照医生的指示，放慢生活的步调，并且转移了一部分职责。他知道生命的真谛不在于急躁或焦虑，他的心态已经平和，健康得到了改善，当然事业也蒸蒸日上。

很多压力的形成，都是因为欲望的无限扩张和对结果的格外看重。其实，世界上没有绝对的成功，只有相对的满足。不放弃更高追求，但学会接受现实，换个角度思考人生，"压力"才会变成动力。

一个能够树立正确的信念来减轻和化解压力的人，能够从容地面对生活中不知何时到来的种种变化，当然，也不会庸人自扰，给自己制造难题，给自己的心灵施压，甚至还能以主动积极的态度来面对那些似乎不可逾越的种种压力。

Chapter 7　明白得失的意义，才知道该抓紧什么

走慢一些，不要等砖块丢过来

现代人看起来实在太忙了，许多人在这忙碌的世界上过活，手脚不停，一刻不得空闲，生命一直往前赶；他们没有时间停一停，看一看，结果，使这原本丰富美丽的世界变得空无一物，只剩下分秒的匆忙、紧张和一生的奔波、劳累。

一天，一位年轻有为的总裁，以比较快的车速，开着他新买的车经过住宅区的巷道。他时刻小心在路边游戏的孩子会突然跑到路中央，所以当他觉得小孩子快跑出来时，就要减慢车速，以免撞人。

就在他的车经过一群小朋友身边的时候，一个小朋友丢了一块砖头打到了他的车门，他很生气地踩了刹车后，将边退到砖头丢出来的地方。他跳出车，用力地抓住那个丢砖头的小孩，并把他顶在车门上说："你为什么这样做，你知道你刚刚做了什么吗？真是个可恶的家伙！"接着又吼道："你知不知道你要赔多少钱来修理这辆新车，你到底为什么要这样做？"

小孩子央求着说："先生，对不起，我不知道我还能怎么办？我丢砖块是因为没有人肯把车子停下来。"他边说边流下了眼泪。

他接着说："因为我哥哥从轮椅上摔了下来，我一个人没有办法把他抬回去。您可以帮我把他抬回去吗？他受伤了，而他太重了我抱不动。"

这些话让这位年轻有为的总裁深受触动，总裁抱起男孩受伤的哥哥，

173

帮他坐回轮椅，并拿出手帕擦拭小男孩的哥哥的伤口，以确定小男孩的哥哥没有什么大问题。

那个小男孩万分感激地说："谢谢您，先生，上帝会保佑您的！"

年轻的总裁慢慢地、慢慢地走回车上，他决定不修它了。他要让那个凹坑时时提醒自己，"不要等周遭的人丢砖块过来了，才注意到生命的脚步已走得太快"。

当生命想与你的心灵窃窃私语时，若你没有时间，你应该有两种选择：倾听你心灵的声音或让砖头来砸你、提醒你！

有一位老人，年轻的时候汲汲营营，每天都工作超时，拼命地赚钱。

节假日，同事们带孩子度假，他却到小贩朋友的店铺帮忙，以赚取额外收入。原本计划在还完房屋贷款后，便带孩子们到临近的泰国玩玩儿。可是，三个孩子慢慢长大，学费、生活费也越来越高。于是他更不敢随意花钱，便搁下游玩一事。

大儿子大学毕业典礼后一个星期，夫妻俩打算到日本去探亲。可是，在启程前两天的早晨，醒来时，他突然发现枕边的老伴心脏病发作，一命归天了。

这是怎样的遗憾？你是否也因为生活太快、太忙碌而忽略了你所爱的人呢？

其实，人不是赛场上的马，只懂得戴着眼罩拼命往前跑，除了终点的白线之外，什么都看不见。我们不必把每天的时间都安排得紧紧的，应该留下空闲来欣赏四周的风景，来关心身边的人。

Chapter 8
自己的世界，自己做主就好

很多事情我们决定不了，但人生是我们自己的，我们可以自己做主。人生的道路很长，知道自己想要什么，为得到机会，就算多绕几个弯也不要紧。希望我们在走完这条路，回头再看的时候，不会说："我从没按自己的想法生活过。"而是说，"我按照自己的愿望过完了自己的人生"。仅此一点，就是人生莫大的幸福。

忠于自己才是最大的忠诚

忠于自己，也就是积极地评价自己。不管在别人眼里有多少毛病，都始终自我感觉良好，始终认为自己是对的。这让人有时显得很自负，甚至有时候有点霸道，但这也让你看问题、做事情高度自信。其实有时我们过分压抑自己，会使我们迈向另一条岔路。一个人的错误永远犯不完，人生的负担你想多重就有多重，应该努力在个性张扬中活出属于自己的精彩。

成功者总是这样认为："我喜欢我自己，我就是我。没有比这更美好的了，包括我的出生、我的生长，我为我就是我而庆幸。无论我生在什么时代，我都不愿成为别的什么人，而只愿成为自己。"正是这种凡事向前看的思考方法，才会使人积极地进行自我评价。当然，这种善于自我肯定的思考方法，并不一定是天生的。它也是在日常生活中通过不懈地修炼得来的。

在一次演讲比赛上，有位女同学向老师抱怨自己的演讲没有达到自己预期的效果。她说当她站起来演讲时，立刻意识到自己笨拙、胆怯的表现，而班上的其他学员似乎都显得泰然自若，很有信心。她一旦想到自己的种种缺点，便失去了勇气，无法再讲下去了。她还详细地分析了自己的弱点，以求解决的办法。

等她讲完后，老师告诉她，别总想着自己的弱点，并不是缺点使自己讲得不够好，而是自己没有把长处发挥出来。

Chapter 8　自己的世界，自己做主就好

　　的确，并不是缺点使人们的演讲、艺术作品或个性显得失败。狄更斯的小说里有不少过度矫情的地方；莎士比亚的戏剧里也有许多历史和地理上的错误。但人们读他们的作品时，没人会注意这些缺点，这些作品之所以会闪耀着不朽的光辉，是因为它们的优点十分显著，以致连缺点都变得不重要了。人们爱自己的朋友，是因为他们的种种优点，而不是缺点。把注意力放在自身的优良品质上，培养优点，克服弱点，认识到你的一生都是在前进，在开发自我。有了这种认识，然后加以坚持不懈地努力，这样才能不断进步，并实现自我。

　　遗憾的是，生活中总有些消极的情绪影响我们做出正确的自我评价。精神病理学家巴纳德·赫兰博士曾对那些少年犯做过如下评述："初见他们时常给人以独立心极强的印象，富有反抗，对父母、教师、警察等象征某种权力的人怀有嫌恶感，并对一切都表示不满和不服。然而在他们过度防御的坚实盔甲下面隐藏的却是一颗极其柔弱易碎的心灵。实际上他们在任何时候都希望依赖某个人。"

　　当我们犯下一些错误或是失去生活中的某种机会时，总是习惯于向别人抱怨。要知道，这种向别人诉说你不喜欢自己的地方，只能是加强你继续对自己不满，因为别人对此几乎总是无能为力的，至多只能加以否认，可你又不会相信他们的话。向别人抱怨是无济于事的，只有自己给予自己一个积极而且比较客观的评价，才有利于你的进步。

　　有了对自己的正确评价，你就会懂得真正的自我不在于形式的表现，而是一种内心的强大力量。诺贝尔和平奖获得者鲍尔奇曾经受托为一个晚宴确定宾客座次，要使所有有身份的人都感到满意，这件事确实会令人为难，即使对一个专业的礼仪公司来讲也不大好办。而鲍尔奇运用自己独特的办法去做这件事。在宴会前，他告诉大家，请宾客自便，喜欢坐在哪儿就坐在哪儿，他说："真正重要的人都是不在乎别人怎么看待自己的，而

177

在乎的人都是不重要的。"

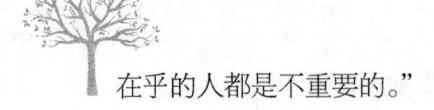

我们应该承认这样一个事实："人是具有个性的存在。"此外我们还可以这样理解："世界上的任何人，都应该享有发挥自己才能的平等权利。"

生命是自己的，就该活给自己看

我们总是畏惧别人的眼光，总是担心别人怎么想，不自觉地丢失了自己；其实事情是我们自己的，别人不应该成为我们的标准，为什么我们要生活得那么被动呢？

有一个妇人是私生女，别人都对她指指点点，她整天烦恼不已。无论她走到哪里，这种烦恼都如影随形，不断折磨着她。

有一天，妇人忍受不了了，想投水自尽，一死了之。可是妇人刚刚跳入河中，就被人救了起来。听完妇人的不幸遭遇后，那个救她的人劝她皈依佛门，寻求解脱。

于是，妇人前去拜访禅师，向他诉说自己的不幸。禅师在听完妇人的泣诉以后，只是让她静默打坐，别无所示。

妇人打坐三天，非但烦恼不除，羞辱之心反而更加强烈。妇人气愤不过，跑到禅师面前，想将他臭骂一顿。

但她还未开口，禅师便说："你是想骂我，是吗？只要你再稍坐一刻，就不会有这样的念头了。"禅师的未卜先知，让她既吃惊又心生敬意。于是，她依照禅师的指示，继续打坐。

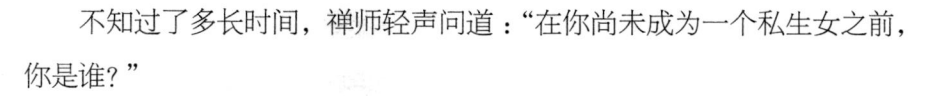

Chapter 8　自己的世界，自己做主就好

不知过了多长时间，禅师轻声问道："在你尚未成为一个私生女之前，你是谁？"

妇人脑子里的某根弦仿佛突然被拨动了一下，她恍然大悟，随后号啕大哭起来，喊道："我就是我啊！我就是我啊！"

我就是我，不要太在意别人的话，别人不是我们的镜子。一个人活在别人的标准和眼光之中是一种被动，一种依附，更是一种悲哀。人为什么要活得那么累呢？人生本来就很短暂，真正属于自己的快乐更是不多，为什么不能为了自己完完全全、彻彻底底地活一次？为什么不让自己脱离建立在别人基础上的参照系？……要知道属于你的，只是自己的生活而不是别人赐予的生活！

每个人都不需跟从世俗标准随波逐流，而是应该依自己的方式去选择有价值的人生，使自己活得快乐，活得自由。你活得快乐吗？自由吗？读这本书的人都觉得"心有戚戚焉"，因为他们的心事被看穿，他们发现自己这辈子为了父母而活、为了配偶而活、为了子女而活、为了房屋贷款而活、为了取悦老板而活、为了身份地位而活……总之，有各种"为别人而活"的理由，却始终没有为"自己"好好活过。

人应该活给自己看，身体是自己的，生命是自己的，灵魂是自己的，人生也是自己的，既然都是自己的，为什么要活给别人看呢？不要虚伪，不要伪装，不要在乎别人的眼光，给自己一个骄傲的借口，给自己一个幸福的理由，给自己一份别人不能给予的温暖，敢于唱出心灵中最真诚的呼唤。

做你自己，不必讨好每一个人

人在一定程度上要为自己而活。是的，为自己而活，不能一味地为别人而活。我们的成功是我们亲手创造的，别人的路不一定适合我们，不要盲目崇拜任何人。你是上帝的原创，不是任何人的附属品，所以在你有限的时间里，活出自己的人生，这才是幸福的。

有这样一个故事，或许能够让你明白活着的价值：

娜塔莎正在弹钢琴，七岁的儿子走了进来。他听了一会儿说："妈，你弹得不怎么高明吧？"

不错，是不怎么高明。任何认真学琴的人听到她的演奏都会退避三舍，不过娜塔莎并不在乎。多年来娜塔莎一直这样不高明地弹，弹得很高兴。

娜塔莎也喜欢不高明地歌唱和不高明地绘画。从前还自得其乐于不高明的缝纫，后来做久了终于做得不错。娜塔莎在这些方面的能力不强，但她不以为耻。因为她不愿意活在别人的价值观里，她认为自己有一两样东西做得不错。

"啊，你开始织毛衣了。"一位朋友对娜塔莎说，"让我来教你用卷线织法和立体织法来织一件别致的开襟毛衣，织出12只小鹿在襟前跳跃的图案。我给女儿织过这样一件。毛线是我自己染的。"娜塔莎心想，我为什么要找这么多麻烦？做这件事只不过是为了使自己感到快乐，并不是要给别人看以取悦别人的。直到那时为止，娜塔莎看着自己正在编织的黄色围巾每星期加长5~6厘米时，还是自得其乐。

从娜塔莎的经历中不难看出，她生活得很幸福，而这种幸福的获得正在于，她做到了不是为了向他人证明自己是优秀的而有意识地去索取别人的认可。改变自己一向坚持的立场去追求别人的认可并不能获得真正的幸福，这样一条简单的道理并非人人都能在内心接受它，并按照这个道理去生活。因为他们总是认为，那种成功者所享受到的幸福就在于他们得到了这个世界上大多数人的认可。

其实，获得幸福的最有效方式就是不为别人而活，不让别人的价值观影响自己，就是避免去追逐它，就是不向每个人去要求它。通过和你自己紧紧相连，通过把你积极的自我形象当作你的顾问，通过这些，你就能得到更多的认可。

我们的人生时间有限，所以不要为别人而活。不要被教条所限，不要活在别人的观念里。不要让别人的意见左右自己内心的声音，最重要的是，勇敢地去追随自己的心灵和直觉，只有自己的心灵和直觉才知道你自己的真实想法，除了你的心灵和直觉，其他一切都是次要的。我们无法改变别人的看法，能改变的仅是我们自己。想要讨好每个人是愚蠢的，也是没有必要的。与其把精力花在一味地去献媚别人，无时无刻地去顺从别人上，还不如把主要精力放在踏踏实实做人，兢兢业业做事上。

过分地迎合别人，就会丢失自己

一个画家想画一幅人见人爱的作品。画好后，他决定拿到市场上去检验。于是，他把画挂在市场上，并在画的旁边放上一支笔，写明"请在你认为不完美的地方做个标记"。

一天下来，画家取回了画。天呀，画上到处都是标记。画家失望极了，原来自己的画就这个水平呀。但画家转念一想，不至于呀，自己好歹也是个专业画家，不会差到这个程度。

于是画家决定再换另一种方法试试。

第二天，画家又描摹了同一幅画，然后挂在市场上，并写明"请在你认为最满意的地方做个标记"。

晚上，画家取回了画。看完画，画家笑了。原来，画上也涂满了标记，在原来不满意的地方，也被人做了最满意的标记。画家明白了，不论做什么事，让所有的人都满意是不可能的，一人一个眼光，一人一个看法，让一部分人满意就足以欣慰了。

听取和尊重别人的意见固然重要，但无论何时不要人云亦云，做别人意见的傀儡，否则不但会在左右摇摆不知所往中身心疲惫，失去许多可贵的机会，而且还会丢失自己。

有个男人一心想升官发财，可是从年轻熬到白头，却还只是个小职员。这个人为此极不快乐，每次想起来就掉泪。

一位新同事觉得很奇怪，便问他到底为什么难过。他说："我怎么能不难过？年轻的时候，我的上司爱好文学，我就学着作诗、学写文章。想不到刚觉得有点小成绩了，却又换了一位爱好科学的上司，我赶紧又改学数学、研究物理，不料上司嫌我学历太低，不够老成，还是不重用我。后来换了现在这位上司，我自认文武兼备，人也老成了，谁知上司又喜欢青年才俊，我……我眼看年龄渐高，就要退休了，一事无成，怎么不难过？"

活着应该是为了充实自己，而不是为了迎合别人的旨意。没有自我的人，总是考虑别人的看法，这是在为别人而活着，所以活得很累。当然，我们绝无可能孤立地生活在这个世界上，几乎所有的知识和信息都要来自

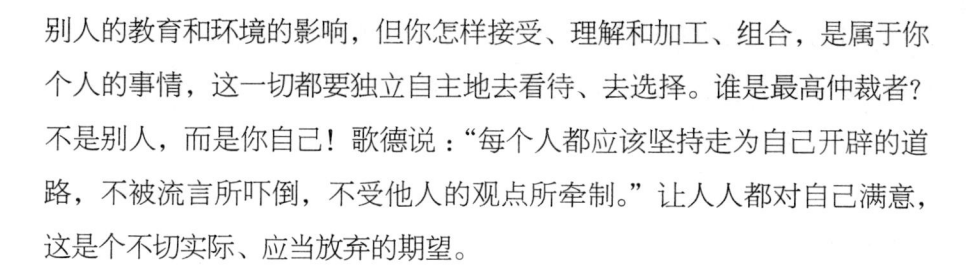

别人的教育和环境的影响，但你怎样接受、理解和加工、组合，是属于你个人的事情，这一切都要独立自主地去看待、去选择。谁是最高仲裁者？不是别人，而是你自己！歌德说："每个人都应该坚持走为自己开辟的道路，不被流言所吓倒，不受他人的观点所牵制。"让人人都对自己满意，这是个不切实际、应当放弃的期望。

别在意别人胡乱给你的差评

你以为以镜照人，就可以得到最真实的影像，殊不知镜子也不是绝对平整、绝对无尘的，若镜面不平，与照哈哈镜不过是程度上的区别而已，若镜面有尘，其真实的程度也会出现折扣。所以，不要以为镜子中的你就是真实的自己。

镜子不带任何感情色彩，都不能做出真实反映，何况是倾向主观的人？所以，别太在意别人对你的评头论足，不要让别人否认的目光扰乱你内心的平静。

保罗还在上小学的时候，别人就说他是一个笨孩子，老师也认为他根本不可能学到毕业。无形之中，他自己也接受了这些评价和看法，他因此感到很自卑，真把自己当成了一个笨孩子。辍学以后，他也一直做一些临时小工，因为他认为自己只配做这个。

但是，在他30岁的时候，一件意外的事情使他的生活发生了巨大的改变。他偶然去参加一次智力测试，结果令他非常惊讶——他的智商竟然高达 161 分值，这可是那些天才才拥有的智商啊！而在此之前，他竟然一直把自己当成智力低下的人，整天去干一些零碎的杂活。从那以后，保罗不再相信别人对他的那些错误性、限制性评价了，他开始相信自己，开始努力奋斗。后来，他写出了好几本书，取得了几项专利，并且成为了一个很成功的商人，还当选为国际智能组织的主席。

不要因为别人低估你、轻视你，你就随意轻贱自己，不要让别人的错误评价左右你的一生。揭掉别人为你乱贴的标签，找回真实的自己，你的人生一定会很精彩。

其实很多时候我们事业无成，内心焦虑，恰恰就是因为我们习惯于受到他人影响，无论对错，所做一切只是为了让人家满意，结果别人满意了，我们却失意并焦虑了。其实我们做人应该有这样一种魄力——"走自己路，让别人去说吧！"别让任何人扰乱我们的心，阻挠我们前进的步伐。

你的人生，别让别人轻易下结论

人生就是一场比赛，在冲向终点的过程中，难免有人会向你打压、向你喝倒彩。你是想要成功还是想要平凡无为？倘若有人对你说"停下吧，你的目标无法实现"，你又该如何应对？

几只蛤蟆在进行"田径比赛"，终点是一座高塔的顶端，周围有一大群蛤蟆前来观战。

比赛刚开始不久，观众便大声议论起来："真不知道它们是怎样想的，

Chapter 8 自己的世界，自己做主就好

做这种不现实的事情，它们怎么可能蹦到塔顶呢？简直是天方夜谭！"

过了不久，观众们开始为蛤蟆选手们喝倒彩："喂，你们还是停下来吧！这场比赛根本不现实，这是不可能达到的目的！"

陆续地，蛤蟆选手们一一被说服，它们退却了，停了下来。然而，却有一只蛤蟆始终不为所动，一往无前地向前……向前……

比赛结果，其他蛤蟆选手全部半途而废，唯有那只蛤蟆以惊人的毅力完成了比赛。所有蛤蟆都很好奇——为什么它有这么强的毅力呢？这时它们才发现，原来它是一只聋蛤蟆。

别人的评价，不能够成为你行动的基准，如此一来，还有什么自我可言？有些时候，我们索性就让自己做一只"聋蛤蟆"吧！这样，你反而会收获更多。

英国剑桥郡的世界第一名女性打击乐独奏家伊芙琳·格兰妮说："从一开始我就决定：一定不要让其他人的观点阻挡我成为一名音乐家的热情。"

她出生在苏格兰东北部的一个农场，从八岁时她就开始学习钢琴。随着年龄的增长，她对音乐的热情与日俱增。但不幸的是，她的听力却在渐渐地下降，医生们断定是由于难以康复的神经损伤造成的，而且断定到12岁，她将彻底耳聋。可是，她对音乐的热爱却从未停止过。

她的目标是成为打击乐独奏家，虽然当时并没有这么一类音乐家。为了演奏，她学会了用自己特有的方式来感受其他人演奏的音乐。她不穿鞋，只穿着长袜演奏，这样她就能通过她的身体和想象感觉到每个音符的震动，她几乎用她所有的感官来感受着她的整个声乐世界。

她决心成为一名音乐家，而不是一名聋的音乐家，于是她向伦敦著名的皇家音乐学院提出了申请。

因为以前从来没有一个聋学生提出过申请，所以一些老师反对接收她入学。但是她的演奏征服了所有的老师，她顺利地入了学，并在毕业时荣

获了学院的最高荣誉奖。

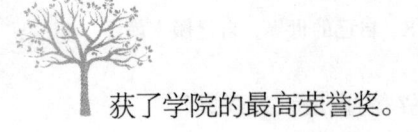

从那以后,她的目标就致力于成为一位出色的专职的打击乐独奏家,并且为打击乐独奏谱写和改编了很多乐章,因为那时几乎没有专为打击乐而谱写的乐谱。

至今,她已经成为一位出色的专职打击乐独奏家了,因为她很早就下了决心,不会仅仅由于医生诊断她完全变聋而放弃追求,因为医生的诊断并不能阻止她对音乐执着的热爱与追求。

事实证明:伊芙琳·格兰妮的选择是正确的。如果她是个软弱的人,只是听从医生给她下的结论而不与命运去抗争,那样她的音乐才华不仅泯灭了,人类历史上也会少了一个著名的打击乐演奏家,那样岂不是我们人类的巨大损失吗?

人生难免会遇到这种情况,很多时候,旁观者会对你做出主观评价,以他们的视角来审视你的人生。于是,往往会对你做出不公正的"宣判"。这时,请不要在意别人的看法,做你自己、做你自己该做的选择,活出你自己的人生色彩!

最可靠的意见来自自己的心里

在网络上看到某人写的一个状态:

高考那年,我考上了北大一个自己不喜欢的专业。读了一个月,了解到学校没有什么转系的机会之后,我决定退学。退学手续复杂,需要到学

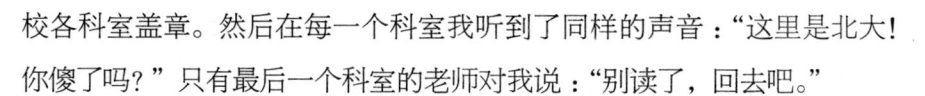

校各科室盖章。然后在每一个科室我听到了同样的声音："这里是北大！你傻了吗？"只有最后一个科室的老师对我说："别读了，回去吧。"

第二年，我考上复旦大学，辗转转到自己喜欢的工商管理系。我想，离开北大是我此生最正确的决定。我想说的是：当你做出一个不寻常的决定时，这个世界只会给你各种反对的声音，你需要做的就是直面自己，无视它们。

是的，你需要做的是你自己，你可以参考别人的意见，但不要把它作为命令。

美国成功学大师马尔登讲过这样一个故事：在富兰克林·罗斯福当政期间，我为他太太的一位朋友动过一次手术。罗斯福夫人邀请我到华盛顿的白宫去。我在那里过了一夜，据说隔壁就是林肯总统曾经睡过的地方。我感到非常荣幸。岂止荣幸？简直受宠若惊。那天夜里我一直没睡。我用白宫的文具纸张写信给我的母亲、给我的朋友，甚至还给我的一些冤家。

"麦克斯，"我在心里对自己说，"你来到这里了。"

早晨，我下楼用早餐，罗斯福总统夫人是那里的女主人，她是一位可爱的美人，她的眼中露着特别迷人的神色。我吃着盘中的炒蛋，接着又来了满满一托盘的鲑鱼。我几乎什么都吃，但对鲑鱼一向讨厌。我畏惧地对着那些鲑鱼发呆。

罗斯福夫人向我微微笑了一下。"富兰克林喜欢吃鲑鱼。"她说，指的是总统先生。

我考虑了一下。"我何人耶？"我心里想，"竟敢拒吃鲑鱼？总统既然觉得很好吃，我就不能觉得很好吃吗？"

于是，我切了鲑鱼，将它们与炒蛋一道吃了下去。结果，那天午后我一直感到不舒服，直到晚上，仍然感到要呕吐。

我说这个故事有什么意义？

很简单。

我没有接受自己的意见。

我并不想吃鲑鱼，也不必去吃。为了表示敬意，我勉强效擎了总统。我背叛了自己，站在了不属于自己的位置上。那是一次小小的背叛，它的恶果很小，没有多久就消失了。

这件事指出走向成功之道最常碰到的陷阱之一。记着这句话：你的最可靠的指针，是接受你自己的意见。

人生的答案，最终还要自己给出来

很多人，从小就被父母构建起的牢笼给困住了，父母一直是这样告诉我们的：男人要成功，要挣大钱，出人头地、衣锦还乡；女人要找个好归宿，做个好妻子、好妈妈、好儿媳，贤惠端庄、相夫教子。这本没有什么不妥，只是我们因此习惯性地被"父母之命"锁死，因而从填写高考志愿到找工作，从谈恋爱到结婚，几乎都在看着父母脸色。由此可能带来的后果是：你一直在从事着一项自己并不喜欢的工作，枯燥无味；你嫁或娶了一个自己并不想嫁娶的人，同床异梦。当然，还有更多，你可能习惯了由别人替你做主，无论是你的父母还是爱人、上司、同事、朋友，甚至有可能是你的孩子。可是，人生是你自己的，道路也是你自己的，怎样走应该是你自己的事，如果你把决定权交给了别人，就等于放弃了对人生的控制，这不但愚蠢，而且还是很危险的事情。

Chapter 8　自己的世界，自己做主就好

那时，她还是小女孩。有一次母亲带她一起整理鞋柜，鞋柜里脏乱不堪，有的鞋子已经变形和开裂得丑陋不堪，尤其是父亲的那双鞋，还散发着一种难闻的汗臭味，她便建议母亲扔掉那些鞋子。可母亲抚摸一下她的头发，说："傻丫头，这些鞋都是有特殊意义的。"随后，母亲拿起一双浅口红皮鞋，满脸的幸福和温情，回忆起和她父亲的相识：

17岁那年，我遇到你父亲，拿不定主意是否嫁给他，我的母亲说，那就要他给你买双鞋吧，从男人买什么样的鞋就能看出他的为人。我有点不相信，直到他将这双红皮鞋送到我跟前。母亲说，红色代表火热，浅口软皮代表舒适，半高跟代表稳重，昂贵的鳄鱼皮代表他的忠诚，放心吧，这是一个真爱你的男人。

从那以后，她开始珍惜父母送给她的每一双鞋子，当她成为拉普拉塔大学法律系的一名学生时，她已经收藏了好多双不同款式的高跟鞋。而法律系有一个来自南方的青年，英俊潇洒，口才超群，悄然地走入她这位怀春少女的心田，终于在大三时两人捅破了相隔的那层纸，将同窗关系发展为恋爱关系。她陶醉在甜蜜的爱情之中，被这火热的感情所鼓舞，于是带着如意情郎去见父母。母亲对这个邮政工人的儿子能否给女儿的未来带来幸福表示怀疑，侧在女儿耳边轻轻对女儿说："让他给你买双鞋看看吧！"她觉得是个好主意，就照办了。

然而，傻乎乎的情郎不知是测试，想既然是为恋人买鞋就得尊重她的意见，硬拖着屡次推却的情人一起去。然而买鞋那天，平时喜欢滔滔宏论的她始终一声不吭，结果两人逛了大半天都毫无所获。最后，他们来到一家欧洲品牌鞋店，有两双白色皮鞋看上去不错，他知道意中人喜欢白色，于是柔声问她："你想要高跟的，还是平跟的？"她心不在焉地随口答道："我拿不定主意，你看哪双好呢？"他略加思索后，说："那就等你想好了再来吧！"于是，他拉着快快不乐的她，离开了。

几天后，他非常认真地问她："想好买哪双了吗？"她依然是漠不关心地说没有。熬着，熬着，这"木头"情郎终于"开窍"了，说出了她期待已久的话："那就只好让我替你做决定了！"她兴奋地等待了三天，终于等到了他的礼物，不过他吩咐她不要当面打开。

晚上，她将鞋盒抱回家，和母亲一起怀着激动的心情将礼物打开，出现在眼前的两只鞋居然是一只高跟一只平跟。她气得脸色发青，恨恨地咬着牙齿，砰的一声关上闺门，蒙在被子里号啕大哭起来。她的父亲也勃然大怒："明天约他来吃晚餐，看他如何解释，我女儿可不是跛子！"

第二天，他应邀登门，面对质问，却不慌不忙地说："我想告诉我心爱的人，自己的事情要自己拿主意，当别人做出错误的决定时，受害者就会是自己！"随后，他从包里拿出另外两只一高一矮的鞋子，说："以后你可以穿平跟鞋去看足球，穿高跟鞋去看电影。"父亲在女儿的耳边悄声而激动地说："嫁给他！"

"木头"情郎叫基什内尔。2003年当选为阿根廷总统，而她就是第一夫人克里斯蒂娜。2007年12月10日，克里斯蒂娜从卸任阿根廷总统的丈夫手中接过象征总统权力的权杖，成为阿根廷历史上第一位民选女总统，他们夫妇交接总统权杖，成为现代历史上第一例。

不要总是让别人替你做主，包括你的父母，因为一旦你为别人的看法所左右时，你已沦为别人的奴隶。永远只做自己的主人，这样才能做到自尊自爱。

当现实需要考验你内心的智慧时，记住：一定要去尝试自己想要尝试的东西。相信自己的直觉，不要让别人的答案扰乱你的计划。如果自己感觉很好，就跟着感觉走吧，否则你永远不会知道结局有多么美好。不要让别人的议论淹没你内心的声音、你的想法，和你的直觉，因为它们已经知道你的梦想，别的一切都是次要的。

Chapter 8　自己的世界，自己做主就好

你认为对的那条路，就是正路

当你准备走一条陌生的路，你要走你认为对的那条路，因为那些路究竟通向哪里你并不清楚，只有走下去才知道正不正确。

有三个一起在大山里长大的男人要去城里打拼。他们结伴而行，一路上风餐露宿，幕天席地，遭遇暴雨狂风，翻过座座高山，渡过条条大河，终于来到了一座繁华热闹的集镇。这里有三条大路，其中只有一条能够通往城市，但谁也说不清究竟哪条才是。

A说："我爹这辈子一直告诉我，'听天由命'，我就闭上眼睛选一条，碰碰运气好了。"他随便选了一条，走了。

B说："谁叫咱们生在那个穷地方呢，我没读过书，盘算不出走哪条路最有可能，我就走A旁边的那条大路吧。"说完，他拍拍屁股也走了。

剩下的是一条小路，C也拿不定主意。他想了又想，决定还是先去镇子里问问长者。长者听了他的话，摇了摇头："没人到过城市，因为它太远了。而且我们这里的生活过得也不错。不过，孩子，我可以把我祖父的话告诉你——走自己认为是对的路。"

C记住长者的话，踏上了那条小路，去追寻他的城市之梦。他经历的痛苦、艰难不计其数，但是，每一次挫折、每一回失败他都挺了过来。每每他觉得自己快要受不了了的时候，便对自己说"走错的也是自己的路"，于是他挺过来了。

两年后，他终于见到了朝思暮想的城市，他能吃苦，有毅力，从最底层的工作做起——擦皮鞋、捡垃圾、端盘子，后来他成为一家公司的普通职员、蓝领、白领，直到自己独立注册了一家公司。

30年后，C老了，他把公司交给儿子打理，只身回乡探亲。依然是那个贫穷的小山村，依然是茅屋泥墙。A和B早已回到这里，依然过着日出而作，日落而息的日子，三兄弟各自叙述离别后的故事。A沿着大路走了五个月，路越来越窄，野兽出没，某日黄昏，他还差一点被豺狼捕食，他害怕了，灰溜溜地回来了。B所遭遇的情景和A差不多，回来之后，他觉得自己这辈子都再抬不起头来了。C叹息地说："我走的路和你们的一模一样，唯一不同的是，我选定了就绝不回头。"

其实，每条路都能通向城市，走自己认为是对的路，坚持走下去不要回头，只要你认为它是对的。

Chapter 9
与众不同，你的孤独虽败犹荣

生活，没有模板。活着，最重要的是活出自己的特色和滋味。所以，做你想做的事，做好你自己就好了，不必在意别人说什么。你完全可以让自己与众不同，就算输了，也是虽败犹荣。生命中最幸福的事儿，不是活得像某个成功的人，是你努力之后，活得更像自己。

从众会让我们失去明辨的能力

倘若你把整个世界弄到手,却丢了自我,那就等于把王冠扣在苦笑着的骷髅上。世界上最可怕的事情就是迷失了自我。一旦在盲从中失去了自我,那么,无论如何也是换不来成功的。

在西方,有一则流传很久的小故事,很有趣味,其中蕴含的道理也很值得我们深思:

有一个人为了和情人约会,急匆匆地往希尔顿饭店跑去。另一个人也跟着跑了起来,这可能是个兴致勃勃的报童。第三个人,一个有急事的胖胖的绅士,也小跑了起来……十分钟之内,这条大街上所有的人都跑了起来。嘈杂的声音逐渐地清晰起来了,可以听清"大堤"这个词。"决堤了!"这充满恐惧感的声音,可能是电车上的一位老妇人喊的,或许是一个交通警察说的,也可能是一个小男孩说的。没有人知道究竟是谁说的,也没有人知道真正发生了什么事。但是两千多人都突然溃逃起来。"向东!"人群喊了起来——东边远离大河,东边安全。"向东去!向东去!"

这就是从众效应,所谓从众效应,是指个体受到群体的影响而怀疑、改变自己的观点、判断和行为等,以便和他人保持一致。对于这种行为要求的依据或必要性缺乏认识与体验,跟随他人行动的现象,在日常生活中通常表现为"随大溜"、"无主见"。在认知事物、判定是非的时候,多数人怎么看、怎么说，自己就跟着怎么看、怎么说，人云亦云；多数人做什么、怎么做，自己也跟着做什么、怎么做，缺乏独立思考的能力。

一天，苏格拉底拿出一个苹果对他的学生们说："现在，大家来闻一闻空气中的味道。"一个学生马上回答说："这空气中有种苹果的香味。"苏格拉底举着苹果慢慢从每位学生身旁走过，并让大家仔细闻一闻，空气中到底是什么味道？这时大多数学生都已经举起手来，苏格拉底又问了一遍刚才的问题。这一次，除了一名学生外，其他学生都回答说，闻到了一种苹果的香味。苏格拉底问那个没举手的学生："你真的什么气味也没有闻到吗？"那位学生十分肯定地回答："我真的什么气味也没有闻到！老师。"苏格拉底指着这个学生说："只有他是对的，因为我手里拿的是一只假苹果。"

这名学生就是后来大名鼎鼎的哲学家柏拉图。

与依赖同样有害的是盲从。盲从的人，没有思想，徒有躯壳，当他们以别人为方向一拥而上时，结果往往步入盲目的泥潭，走进人生的死胡同。也正因为如此，柏拉图最终名垂青史，而他的那些同学无不如时空里的微尘，早已了无痕迹。

别总相信人的眼睛是雪亮的，众人也有盲目的时候。看看留在历史上的那些有名有姓的人，几乎都是特立独行的代表，"宁肯抱香枝上老，不随黄叶舞秋风"。对人对事，我们应该养成独立思考的习惯。

真理并不一定在大多数人那里

这个世界有这样一种"怪现象",总是大多数人认可的,就觉得是"对"的,殊不知真理有时就掌握在少数人手里。但往往是,真理刚刚被提出来的阶段,大众并不接受它,因为"跟风"已经成了很多人的习惯。其实,群众的眼睛并不是雪亮的,因为大部分人只是随势所趋,并没有真正的判断力,而真理,需要那一小部分人在孤独中坚持。

布鲁诺生于意大利拿坡里附近的一个小镇,九岁的时候,他前往那不勒斯城学习人文科学、逻辑和辩论术。他勤奋好学、大胆而勇敢。在接触了哥白尼的《天体运行论》以后,他被强烈地吸引了。从此,他开始了为科学、为真理献身的事业。

因为信奉哥白尼学说,布鲁诺被当时的宗教势力看作是宗教的叛徒,并被革除了教籍。不得已,布鲁诺只好逃离修道院,流亡国外,他四海为家。虽然孤立无援,布鲁诺仍然矢志不渝地宣传科学真理。他到处做报告、写文章,还时常地出席一些大学的辩论会,用他的笔和舌毫无畏惧地积极颂扬哥白尼学说,无情地抨击官方经院哲学的陈腐教条。

在《论无限、宇宙及世界》这一书中,布鲁诺提出了宇宙无限的思想,他认为宇宙是统一的、物质的、无限的和永恒的。在太阳系以外还有数不清的天体,而人类所看到的,只是无限宇宙中极为渺小的一部分,地球只不过是无限宇宙中一粒小小的尘埃。

布鲁诺指出，千千万万颗恒星都是如同太阳那样巨大而炽热的星辰，这些星辰都以巨大的速度向四面八方疾驰不息。它们的周围也有许多像我们地球这样的行星，行星周围又有许多卫星。生命不仅在我们的地球上有，也可能存在于那些人们看不到的遥远的行星上……

布鲁诺成了天主教会眼中极端有害的"异端"和十恶不赦的敌人。他们施展狡诈的阴谋诡计，收买布鲁诺的朋友，将布鲁诺诱骗回国。布鲁诺被逮捕了，他们把他囚禁在宗教判所的监狱里，接连不断地审讯和折磨竟达八年之久！由于布鲁诺是一位声望很高的学者，所以天主教企图迫使他当众悔悟，声名狼藉，但他们万万没有想到，一切的恐吓威胁利诱都丝毫没有动摇布鲁诺相信真理的信念。天主教会的人绝望了，他们凶相毕露，建议当局将布鲁诺活活烧死。布鲁诺似乎早已料到，当他听完宣判后，面不改色地对这伙凶残的刽子手轻蔑地说："你们宣读判决时的恐惧心理，比我走向火堆还要大得多。"

布鲁诺被活活烧死在罗马的百花广场。由于布鲁诺不遗余力的大力宣传，哥白尼学说传遍了整个欧洲。天主教会深深知道这种科学对他们是莫大的威胁，决定将《天体运动论》列为禁书，不准宣传哥白尼的学说。

然而，真理总有到来的那一天，多年以后，人们在布鲁诺殉难的百花广场上竖起了他的铜像，永远纪念这位为科学献身的勇士。

不要过于相信大多数人认为的"真理"，真理的确立靠的并不是人多，人多的好处是力量大，但选择的道路不一定是正确的。与众人相对而立，这样的追逐也许是孤独的，然而真相终究会给你补偿。退一步讲，即便是众人的选择带有一定的正确性，但适不适合你呢？也许只有你自己知道。

有自己的思想，才叫自己的人生

人类能够成为万物主宰，不是因为人类的高大和善勇好斗，重要的是自然赋予人类思想，这是人类区别于其他动物最根本的特征。

思想是支配一切行动的指南，是令人惊奇而又无可比拟的利器。因为人具有丰富的思想，而使人睿智和高贵，又因为人具有丰富的思想，而在改造世界、创造世界的实践活动中，不断推动人类社会的文明进步与发展。

正如法国著名科学家、思想家、作家帕斯卡尔先生在他的《人是能够思想的芦苇》中所说："人之所以伟大，是因为人有自己的思想。"在帕斯卡尔看来，如果人没有思想，就与芦苇没有区别，而且是"自然界最脆弱的东西"，也是社会上最可怜的。帕斯卡尔一句话解剖了人类存在的根本——即人的思想是最强大的利器，这也让我们更深入地认识到人在社会中的地位和价值。

人有了思想，就具有了自我认识及反省的过程，就能够认识哪些是可贵的，哪些是可悲的，也可以区别事物的好坏和所作所为之善恶，可以因此形成自己的做事风格，评估自己为人处世的水平，同时可以反思自己的错误，吸取经验教训，防患于未然。

有一次，浙江工业大学举办了一场"生存基金"增值比赛，每组六人，每组领50元人民币，看哪个组能在一天时间内，让它迅速增值。

Chapter 9　与众不同，你的孤独虽败犹荣

比赛中，许多同学选择了临时工，但只有少数人成功了，一些建筑工地、网吧、送水站等，根本不需要他们，因为大部分大学生很难承担大量的体力劳动。虽然有的同学央求只需要一餐饭作为回报就可以了，但仍然被拒之门外。大部分同学"颗粒无收"，早上领走的50元人民币，除了乘车、买饮料、用餐之外，所剩无几。

但有一组同学却带回了669元人民币。他们事先在杭州最繁华的武林广场附近做了一个商业调查，决定制定一个直销方案，以这次活动为品牌，说服武林广场附近商家在他们的帽子、衣服、队旗等上面进行冠名。结果，一位饭店老板被同学们说动了，愿意购买冠名权，经过谈判，饭店老板最终以900元人民币取得了冠名权。于是，同学们在花费了两百多元人民币的成本制作饭店广告标识之后，盈利669元人民币。这个结果令组织者也意料不到。

组织者事先认为，最明智的办法是批发一些饮料进行售卖，稳扎稳打地让50元基金增值。但出售冠名权这个突破常规的创意，让人耳目一新，也取得了不错的成绩。

这只是一场游戏比赛，但是如果这是一场长长的人生比赛呢？同样也会因为你的思想差异而形成结果差异。人与人最重要的不同就在于想法和思想的不同，思路决定出路，格局决定成败，什么样的思想决定什么样的人生。就像同一生长环境里的双胞胎一样，有可能长大成人之后性情各异，成就也迥然不同，原因就在于他们对于发生在周围的事有了不同的想法，逐渐地这些想法形成性格、思想、做人做事的态度，最终决定他们的一生。

任何一个人的内心想法，都是一个构造独特的世界，蕴藏着极大的能量。它的爆发，既可以将你推入万丈深渊，也可以助你走向成功的彼岸。我们要想获取成就，就必须先有自己的思想。没有思想，意识处于混

沌时期，连认识自己和看清别人都无法做到，更难对身边的状况做出良好回应。作为芸芸众生中的一员，踏入社会，以后要怎样生存？又要怎样发展？遇到困难如何解决？……种种问题都需要我们独立思考，有自己的独特想法，确立自己为人处世的准则，从而扬长避短、趋吉避凶，也只有这样，我们才能在激烈的竞争中立于不败之地。

一味模仿别人结果一事无成

一个模仿别人的人，永远无法逃脱别人的阴影，他所有的努力不过是为被模仿者做免费的宣传罢了。

春秋时期，越国有一美女，名唤西施，有沉鱼落雁之容,，哪怕是平时所做的一个不经意的动作，都是非常优美的。因此常有一些姑娘模仿她的衣着、装束，也常有一些人有意无意地模仿她的行为举止。有一天西施患病，心口非常痛。她出去洗衣服时，皱着眉头，用一只手捂着胸口，走在路上虽然非常难受，但在旁人看来今天的西施却又别有一番风姿。西施有一邻居容貌长得很丑，见西施人长得美，别人时常效仿西施的衣着、举止，她就常常暗地里观察，看看西施到底与别人有什么不同之处。这一天，她看到西施用手捂着胸口，皱着眉头的样子后，感到非常美，于是她就跟着学起这个样子来了。本来她的容貌就丑，又皱起了眉头，本来形体就含胸弓背，却又捂住了胸，弄得更加丑陋不堪。

卓别林开始拍片时，模仿当时的著名影星，结果一事无成，直到他开始成为他自己，才渐渐成功。

当玛丽第一次上电台时，试着模仿一位爱尔兰明星，但不成功。直到她以本来面目———一位由密苏里州来的乡村姑娘——才成为纽约市最红的明星。

吉瑞一直想改掉自己的德州口音，他打扮得也像个城市人，他还对外宣称自己是纽约人，结果只是招致别人背后的讪笑。后来他开始重拾三弦琴，演唱乡村歌曲，才奠定了他在影片及广播中最受欢迎的牛仔的地位。

不论好坏，人只有自己才能帮助自己，只有耕种自己的田地，才能收获自家粮食。上天赋予你的能力是独一无二的，只有当你自己努力尝试和运用时，才知道这份能力到底是什么。

当然，如果情况特殊，你也可以模仿别人，但不可以一味地进行模仿。不要活在别人的影子里，你就是你，不是别人的翻版。大踏步地向前走，留下属于自己的脚印，才能够活出真正的自己。不论好坏，你都必须保持本色。

在自己的轨迹上，走出自己的特色

只有敢用自己的思想，敢用自己的见解和方法看待事物的人，才容易在创造中获得幸福感并被人们所接受。

一个男人从偏僻的农村来到繁华的巴黎，为了吃饱肚子，他只能画最畅销的裸体画。

一天晚上，他孤独地散步在巴黎街头，在一个明亮的橱窗前，他听到两位青年议论他所画的一幅少女裸体画：

"这幅画简直糟糕透了，甚至让人作呕。"

"是啊，米勒画的。他是个除了裸体女人，什么都不会画的人！"

他沮丧地回到家中，痛苦地对妻子说："从今以后我再也不画裸体画了，就算这会让我们的生活变得更苦。我已经厌恶巴黎，这是个充满铜臭的城市，它让我不知不觉地走上了庸俗的道路，我要回归农村，住到农民中间去！"

米勒很快移居到巴黎附近的巴比松。在这里，他用自己烧的木炭画素描，靠朋友的接济度日，还要经常对付资产阶级文人学士在艺术上对他的诋毁和攻击。但是，他始终坚持自己的艺术方向——以农民及农村生活做题材，后来，他画的《播种者》《拾穗者》《扶锄的男子》等都成了世界美术史上的经典名作。

这位享有"农民画家"之誉的法国现实主义艺术大师说过："我生来是一个农民，我愿意到死也是一个农民。我要描绘我所感受到的东西。"

重复别人走过的路，是忽视了自己的双脚。没有人能够因为效仿他人而获得成功，即使他效仿的是一个伟大的成功者。然而，随波逐流这个毛病许多人仍然没有改变。比如搞写作的人看到 MBA 吃香了，也跟着去为自己镀金，看到别人投资赚了，借钱也要玩一回心跳，全然不顾自己有没有这样的经济头脑。其实，越是在潮流面前，我们越应该保持清醒，有时你本身的特质或许真的就不适合在潮流里打滚。所以看清自己的特长和兴趣，找准发展方向，才是最重要的。亦如米勒，他不适合当画裸像的贵族画家，那么就当农民画家好了，一样挺好、挺出色。

Chapter 9　与众不同，你的孤独虽败犹荣

孤独使人优秀

尽管张楚在歌中唱道："孤独的人是可耻的，生命像鲜花一样绽开，我们不能让自己枯萎。"但我们也不能忘记另外一句话："真正优秀的人一定觉得自己是孤独的，他们也清醒地认识到自己的优秀来源于一份孤独。"

小时候，他很孤独，因为没人陪他玩。他喜欢上画画，经常一个人在家涂鸦。稍大一点，他便用粉笔在灰墙上画小人、火车，还有房子。从上小学开始，他就感觉自己和别人不一样。"别人说，这个孩子清高。其实，我跟别人玩的时候，总觉得有两个我，一个在玩，一个在旁边冷静地看着。"他喜欢画画和看书，想着长大后做名画家。

高考完填志愿时，父母对他的艺术梦坚决反对。他不争，朝父母丢下一句：如果理工科能画画他就念。本来只是任性的推托，未曾想父母真找到了个可以画画的专业，叫"建筑系"。

建筑师是干吗的？当时别说他不知道，全中国也没几个人知道。建筑系在1977年恢复，他上南京工学院（东南大学）时是1981年，不只是建筑系，"文革"结束大学复课，社会正处于一个如饥似渴的青春期氛围。他说，当时的校长是钱锺书的堂弟钱钟韩，曾在欧洲游学六七年，辗转四五个学校，没拿学位就回来了。钱钟韩曾对他说："别迷信老师，要自学。如果你用功连读三天书，会发现老师根本没备课，直接问几个问题就

能让老师下不来台。"

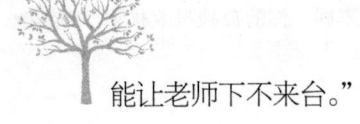

于是到了大二，他开始翘课，常常泡在图书馆里看书，中西哲学、艺术论、历史人文……看得昏天黑地。回想起那个时候，他说："刚刚改革开放，大家都对外面的世界有着强烈的求知欲。"

毕业后，他进入浙江美院，本想做建筑教育一类的事情，但发现艺术界对建筑一无所知。为了混口饭吃，他在浙江美院下属的公司上班，二十七八岁结婚，生活静好。不过他总觉得不自由，另一个他又在那里观望着，目光冷冽。熬了几年，他终于选择辞职。

接下来的十年里，他周围的那些建筑师们都成了巨富，而他似乎与建筑设计绝缘了，过起了归隐生活，整天泡在工地上和工匠们一起从事体力劳动，在西湖边晃荡、喝茶、看书、访问朋友。

在孤独中，他没有放弃对建筑的思考。不鼓励拆迁、不愿意在老房子上"修旧如新"、不喜欢地标性建筑、几乎不做商业项目，在乡村快速城市化、建筑设计产业化的中国，他始终与潮流保持一定的距离，这使他备受争议，更让他独树一帜，也让他的另类成为伟大。

虽然对传统建筑的偏爱曾让他一度曲高和寡，但他坚守自己的理想。"我要一个人默默行走，看看能够走多远。"基于这种想法，过去八年，从五散房到宁波博物馆以及杭州南宋御街的改造，他都在"另类坚持"，"我的原则是改造后，建筑会对你微笑。"

他叫王澍，今年49岁，是中国美术学院建筑艺术学院院长。

2012年5月25日下午，普利兹克奖颁奖典礼在人民大会堂举行，王澍登上领奖台。这个分量等同于"诺贝尔"和"奥斯卡"的国际建筑奖项，第一次落在了中国人手中。

"我得谢谢那些年的孤独时光。"谈起成功的秘诀，王澍说，幼年时因为孤独，培养了画画的兴趣，以及对建筑的一种懵懂概念；毕业后因为孤独，能够静下心来思考，以后的很多设计灵感都来源于那个时期。

每一条河流都有属于自己的生命曲线，都会流淌出属于自己的生命轨迹。同样地，每一条河流都有自己的梦想，那就是奔向大海。我们的生命，有时就像泥沙，在不知不觉间像泥沙一样，沉淀下去，最终实现自己的积累。一旦你沉淀下去了，也许再也不需要努力前进了，但是你却失去了见到阳光的机会。所以，不管你现在处于什么状态，一定要有水的精神，不断积蓄力量，不断冲破障碍。若时机不到，可以逐步积累自己的厚度。当有一天你发现时机已经到来，你就能够奔腾入海，增加自己生命的价值。

梦想可以被嘲笑，但决不能凋零

你想要实现的梦想如果被人嘲笑，你更要努力实现它，一旦实现了，就会让人刮目相看。感谢那些有意无意的嘲笑吧，就像九把刀曾经说过的那样：说出来会被嘲笑的梦想，才有实现的价值。即使跌倒了，姿势也会非常豪迈。

她读小学时，文化课成绩一塌糊涂，唯一及格的，只有手工课。老师来家访，忧心忡忡地说："也许孩子的智力有问题。"父亲坚定地摇了摇头，说："能做出这么漂亮的手工作品，说明她的智力没有问题，而且非常聪明。"

看着老师摇着头离开,她难过地流下了泪水。父亲却笑着说:"乖女儿,你一点儿都不笨。"说着,父亲从书架上拿出一本书,翻到其中一页,说:"还记得我给你讲过的蓝鲸的故事吗?蓝鲸可是动物界最大的家伙,可你别看它如此庞然,它的喉咙却非常狭窄,只能吞下五厘米以下的小鱼。蓝鲸这样的生理结构,是造物主的巧妙设计,因为如果成年的鱼也能被它大量吃掉。那么,海洋生物也许就要面临灭绝的境地了!"

"上帝不会偏爱谁,连蓝鲸这样的大家伙也不例外。"停了停,父亲又给她讲了一个故事:

"奥黛丽·赫本小的时候家里很穷,经常忍饥挨饿,一度甚至只能依靠郁金香球茎做成的'绿色面包'以及大量的水来填饱肚子。长期的营养不良导致她的身材非常瘦削。当听说她的梦想是要成为电影明星时,所有的同学都嘲笑她白日做梦,说一阵风就可以把她刮上天了。在大家的嘲讽面前,赫本并未自卑,她一直为自己的梦想努力着,终于成功扮演了《罗马假日》中楚楚动人的安妮公主。如果当初,她因为别人的嘲笑而放弃理想,就不可能成为后来的世界级影星。"

父亲又鼓励她说:"你看,无论是蓝鲸,还是巨星,都有其不完美的一面。这就好像你的文化课成绩虽然差一点儿,但手工却是最棒的,说明你心灵手巧。你有自己的天赋,坚持下去。"

也许正因为有了父亲的鼓励,从此以后,她不但更加迷恋手工,还时不时地搞些小发明。比如听母亲抱怨说衣架不好用,她略加改造,就成了可以自由变换长度的"万能衣架",甚至,在父亲的帮助下,她还将家里的两辆旧自行车拼到一起,变成了一辆双人自行车。

她就这样快乐地成长着,不再在乎别人说自己笨。似乎只是转眼之间,她已是麻省理工大学的一名学生。那天,她外出购物,在超市门前偶然听到有两位顾客抱怨:"现在找个空车位真难!如果谁能发明一种可以折叠的汽车就好了!"说者无心,听者有意,她随即产生了尝试一下的想法。

回去以后,她开始搜集有关汽车构造方面的知识,单是资料就打印了厚厚的几大本。接下来,她开始进行设计,一次次地思考,图纸画了一次又一次。经过半年的努力,她竟然真的设计出了折叠汽车的图纸。

这时,又有同学泼冷水,"你知道如何生产吗?说不定这就是一些废纸!"她又想起了父亲当年讲的蓝鲸的故事,笑着说:"我确实不懂生产汽车,但有人懂啊,我可以寻求合作。"接着,她在网上发布帖子,寻求可以合作的商家。不久,西班牙一家汽车制造商联系到她,双方很快签下合约。2012年2月,世界上第一款可以折叠的汽车问世了。

这款汽车有着时尚的圆弧造型,全长不过1.5米,电动机位于车轮中,可以在原地转圈,只要充一次电,就可行驶120公里,最重要的是它可以在30秒之内,神奇般地完成折叠动作,让车主再也不用担心没有足够的空间来停车。折叠汽车刚刚亮相,就受到众多车迷们的追捧,还没等正式批量生产,就收到了很多订单。

她就是来自美国的达利娅·格里。在接受记者采访时,她有些害羞地说:"我从小就不是个聪明的孩子,但我坚持做自己喜欢的事,用刻苦和勤奋来弥补缺陷,才找到了属于自己的路。"

被嘲笑的梦想,若依旧不离不弃,往往会迎来实现的那一天,让心怀梦想的人得到命运的馈赠。

这个世界上,没有谁会像你一样清楚和在乎自己的梦想,无论别人怎么看你,你绝不能打乱自己的节奏。不要让别人否认的目光扰乱你内心的平静。你的生命中可能会出现两种人：一种人会消耗你的能量和创造力；另一种人会给你能量，支持你的创造，或者只是一个简单的微笑。拒绝第一种人。让自己快乐起来，去做自己想做的人。有人不喜欢，由他去吧。

别人越泼冷水，越要热气腾腾

在你成长的过程中，常有人泼冷水，问题是，别人一泼，你就退缩了吗？如果你认为自己对，就可以坚持到底，走自己的路。

歌德是18世纪中叶到19世纪初德国和欧洲最重要的剧作家、诗人、思想家。但在他年轻的时候，曾经是一个绘画爱好者，他习惯于用绘画的方式表达自己的心灵和思想，并且努力想成为一位非凡的画家。虽然他为自己的梦想而不懈努力着，但却始终不能在绘画上取得什么成就。然而，幸运的是在他习画的同时，也酷爱文学，渐渐地，歌德发现自己更擅长用文字来表现心灵和思想。不知不觉中，他把更多的精力投入到了写作中去。

当时正是欧洲社会大动荡、大变革的年代，封建制度日趋崩溃，革命力量不断高涨。歌德也因此而不断接受着先进思想的熏陶和洗礼，从而加深自己对于社会和人生的认识，创作出了一些诗歌和戏剧的剧本。但歌德的做法遭到了不少绘画界人士的抨击，他们指责歌德是对绘画艺术的"不忠"和"叛离"，是一个艺术叛徒。所以，当歌德尝试拿着自己的创作成

Chapter 9　与众不同，你的孤独虽败犹荣

果寻找出版商时，遭到了一些人的暗中作梗，以至于他的这些创作成果只能被长期搁浅，无法走向读者。

后来，一家私人出版机构总算同意出版了他的一本诗集，可一面世就遭到了不少人的炮轰，甚至有人买了那本诗集后，又邮寄给歌德，封面上却写有这么几行字："这就是一个艺术叛徒所写的所谓的诗歌？简直太荒谬了！"

歌德收到这本诗集后，不但没有生气，反而把它当成一个装饰品挂在书房里最显眼的一面墙上。一位好朋友不解地问他："你为什么容忍他们这样不断地向你泼冷水？"

"为什么不能容忍？他们在不断地使我成才，难道我要生气吗？"歌德微笑着说。

"泼你冷水是在使你成才？"他的朋友困惑地问。

"当然，假如你往一块干石灰上泼上凉水，它会立刻全身沸腾起来，泼的冷水越多，石灰沸腾得就越强烈，之后它就成为一种建筑材料了！"歌德这样说。

就在这种坦然面对挫折和打击的乐观心态里，歌德的心真的犹如石灰那样"沸腾"起来了——几年时间，他创作出了一大批诗歌、剧本、小说和哲学作品，其中就包括德国历史上第一部现实主义历史剧《葛兹·冯·伯里欣根》和风靡全球的《少年维特的烦恼》，歌德的名字也由此而跃居世界级诗人行列，他最终成为一名无可替代的、璀璨于全球的文学巨匠！

人最不能犯的错误，就是看低自己。当别人的评价让你感到无可奈何时，没关系，只要你知道曾经有一个独特的、与你气质相近的人成功了，那么就不必再为别人的眼光而感到苦恼。对于别人的击打，你可以做出两

种反应：要么被击垮，躲在角落里哭泣，朝着他们想看到的样子沉沦下去；要么选择无视，就做最真实、最好的你自己，坚持到底。结果是，前者会泯然众人，而后者往往会惊天动地。

找到自己的方向，不盲从

曾经有一支德国的小队，在训练，队长说了"齐步走"之后，由于一些事情耽搁，没有发出"立定"的命令，士兵们行进的方向恰好是一条河，在队长想起这件事情的时候，他的士兵们全部走进了河里！

德国人的纪律性天下闻名，不过这个故事的真实性还有待考证。当然，对于军队，纪律的绝对服从也确有其特殊的必要性，但是这并不意味着，盲从就是正确的。

多年前，在日本福冈县立初中的一间教室里，美术老师正在组织一场绘画比赛，同学们都在认真地按照要求画着画，只有一个小家伙缩在教室的最后一排。他实在不喜欢老师定的命题，于是便信手涂鸦起来。

到了上交作品的时间了，老师看着一张张作品，不住地点头，他深为自己的教育成果感到满意，作品里已经有了学生们自己的领悟，可以说，是对日本传统画作的继承和发展。

但唯有一张画让他大跌眼镜，作者是个叫臼井的家伙，老师的目光从画作上移到了最后一排，接着看见这个名不见经传、有些另类却又有些特立独行的家伙在冲着他冷笑。

他大声怒斥起来:"臼井,你知道你画的是什么吗?简直是在糟蹋艺术。"

小家伙闻听此言,吓得将脑袋垂了下来。老师接下来让大家轮流传看臼井的作品,他用红笔在作品的后面打了无数个"叉叉",意思是说这部作品坏到了极点。

他画的是一幅漫画,一个小家伙,正站在地平线上撒尿,如此的不合时宜,如此的不伦不类。

这个叫臼井的家伙一夜之间出了坏名,学生们都知道了关于他的"光荣事迹"。

这一度打消了他继续画画的积极性,他天生不喜欢那些中规中矩的传统作品,他喜欢信手胡来、一气呵成,让人看了有些不解,却又无法对他横加指责。

在老师的管制下,他开始沿着正统的道路发展,但他在这方面的悟性实在太差了。

期末考试时,他美术考了个倒数第一名,老师认为他拖了自己班的后腿,命令他的家长带着他离开学校。

他辍学了,连最起码的受教育的权利也被剥夺了,于是,他开始了流浪生涯,不喜欢被束缚的他整日里与苍山为伍,与地平线为伴,这更加剧了他的狂妄不羁。

那一年春天,《漫画 ACTION》杂志上发表了《不良百货商场》的漫画作品,里面的小人物不拘一格,让人忍俊不禁,看来爱不释手。作品一上市,居然引起了强烈的反响,受到长久束缚的日本人在生活方式上得到了一次新的启发,他们喜欢这样的作品。

又一年，一部叫《蜡笔小新》的漫画风靡开来，漫画中的小新生性顽皮，做了许多孩子愿意做却不敢做的事情，典型的无厘头却得到了意想不到的结果，被拍成动画片后，所有人都记住了小新，以至于不得不加拍了连载。

臼井仪人，这个天生邪气逼人的漫画家，注定不会走传统的老路，如果他仍然沿着美术老师为自己铺好的道路发展，恐怕这世上不会有蜡笔小新的诞生。

一个人能认清自己的才能，找到自己的方向，已经不容易；更不容易的是，能抗拒潮流的冲击。许多人仅仅为了某件事情时髦或流行，就跟着别人随波逐流而去。他们忘了衡量自己的才干与兴趣，因此把原有的才干也付诸东流。所得只是一时的热闹，而失去了真正成功的机会。

如果我们真的成熟了，就不要再怯懦地到避难所里去顺应环境；我们不必藏在人群当中，不敢把自己的独特性表现出来；我们不必盲目顺从他人的思想，而是凡事有自己的观点与主张。坚持一项并不被人支持的原则，或不随便迁就一项普遍为人支持的原则，固然不易，但是只要你做了，就一定会赢得别人的尊重，体现出自己的价值。

坚持你的原则，不必别人点头

不能坚持自己原则的人，就好像墙上的无根草，随风飘摆不定，找不到自己的方向。这样的人，是得不到别人信任的，更谈不上成功。如果你

Chapter 9　与众不同，你的孤独虽败犹荣

自己都不确定想要什么，不要什么，别人又怎么给你呢？所以不要为了谋取小功小利而不择手段，甚至放弃自己的最后一项原则。一旦原则丧失，未来就只能任凭别人的摆布与欺骗。

只有坚持原则的人，才能赢得良好的声誉，他人也愿意与你建立长期稳定的交往。坚持原则还使人们拥有了正直和正义的力量。这使你有能力去坚持你认为是正确的东西，在需要的时候义无反顾，并能公开反对你确认是错误的东西。

一个刚从医学院毕业的学生，在一家医院实习，实习期为一个月。在这一个月内，如果能够让院方满意，他就可以正式获得这份工作；否则，就得选择离开。

一天，交通部门送来了一位因遭遇车祸而生命垂危的人，实习生被安排做外科手术专家——该院院长亨利教授的助手。复杂艰苦的手术从清晨进行到黄昏，眼看患者的伤口即将缝合，这位实习生突然严肃地盯着院长说："亨利教授，我们用的是12块纱布，可你只取出了11块。""我已经全部取出来了，一切顺利，立即缝合。"院长头也不抬，不屑一顾地回答。"不，不行。"这位实习生高声抗议道。"我记得清清楚楚，手术中，我们只用了11块纱布。"院长没有理睬他，命令道，"听我的，准备缝合。"这位实习生毫不示弱，他几乎大叫起来："你是医生，你不能这样。"直到这时，院长冷漠的脸上才露出欣慰的笑容。他举起左手里握着的第12块纱布，向所有的人宣布："他是我最合格的学生。"

院长在考验他是否坚持自己的原则，而他具备了这一点。这位实习生后来理所当然地获得了这份工作。没有任何人能勉强你服从自己的良知，然而，不管怎样，一个坚持原则的人是会做到这些的。

坚持原则还会给我们带来许多，诸如友谊、信任、钦佩和尊重等。人

213

类之所以充满希望，其原因之一就在于人们似乎对原则具有一种近于本能的识别能力，而且不可抗拒地被它所吸引。

那么，怎样才能做一个坚持原则的人呢？答案有很多，其中重要的一个是：要锻炼自己在小事上做到完全诚实。当你不便于讲真话的时候，不要编造小小的谎言，不要在意那些不真实的流言蜚语，不要把个人的电话费记入办公室的账上，等等。这些听起来可能是微不足道的，但是当你真正在寻求并且开始发现它的时候，它本身所具有的力量就会令你折服。最终，你会明白，几乎任何一件有价值的事，都包含着它自身不容违背的内涵，这些将使你成功做人，并以自己坚持原则为骄傲。

Chapter 10
笙歌唱尽，阑珊处孤独向晚

　　快乐若来自于物欲的满足，是短暂而不幸的，物欲没有止境，人生就会永无宁日，为了无休止的私欲，注定得不到快乐。而只有来自于心灵的快乐，才是永久而幸福的。才有宁静、恬淡、平和之感，才有欣赏良辰美景的内在之眼。

你的孤独，可以开花结果

"已是悬崖百丈冰，犹有花枝俏"。梅花被誉为四君子之一，代表了君子在艰难的环境中独自绽放的坚韧性格。在当下，尤其缺少这种耐得住孤独的精神。

那个"烟花般灿烂，烟花般寂寞的"奇女子——张爱玲，那么清冷孤独。不知是不是因为幼时家庭的不幸，使她有一种偏执与清冷，这便注定她孤独的一生——孤独地活着，孤独地死去，留下一片叹息。她的孤独也成就了她，她把她的孤独与清冷全部投入文学创作中，在她的作品中我们可以看到十里洋场的灯红酒绿和风流韵致，还可以看到深深的孤独，仿佛有种孤身一人在深山老林的感觉——孤独、凄凉，还有一点绝望。这样一个在孤独中成长的女子，一生孤独，一死孤独，生死皆美。她的孤独让她在中国文坛乃至世界文坛上留下光辉而清冷的一笔，让她变成了一个传奇。

在孤独中成长也不见得是坏事，对于那些注定要改变世界的人来说，孤独是他们最好的礼物，让他们心无旁骛，使他们熠熠生辉。

从另一个角度来说，孤独是一个人通往心灵的唯一途径，也是一个自我了解的唯一方法。李白有诗云："古来圣贤皆寂寞。"亚里士多德曾经说

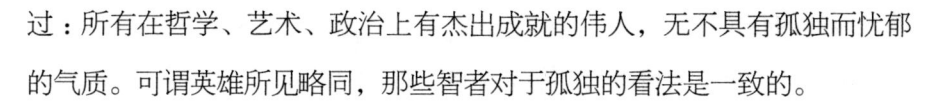

过：所有在哲学、艺术、政治上有杰出成就的伟人，无不具有孤独而忧郁的气质。可谓英雄所见略同，那些智者对于孤独的看法是一致的。

在中国古代的文坛上，一群在孤独中绽放的精英们，点缀着漫长的文学史。在他们身上，映射出的是"达则兼济天下，穷则独善其身"的人生哲学。

屈原的一生都是孤独的，他的孤独，是命运赐予的，可以说他无从选择，更没有主动的选择。正因"世溷浊而莫余知兮"，所以只能"吾方高驰而不顾"。正因"燕雀乌鹊，巢堂坛兮"，所以只能"鸾鸟凤凰，日以远兮"。我们的大诗人，一心所想的是报楚国，清君侧。虽"贻余生而危死兮，览余初其犹未悔"，然而正是这种孤独，造就了我们这位伟大的爱国诗人。正是因为这个孤独，才会有《离骚》的诞生。屈原在他旷世的孤独中，向后人展示了独特的魅力。

当历史的车轮滚滚驶入东汉末，那时候群雄割据，战乱连连，整个社会陷入了"礼崩乐坏"的境地。有识之士，没有用武之地。阮籍少年时胸怀"济世志"，而在当时的境况下，学会了明哲保身。后人在《世说新语》中说他"未尝评论时事，臧否人物"。他经常独自驾车出行，行到无路可走时，大哭而返。这就是所谓的"阮籍猖狂，岂效穷途之哭"。或箕坐啸咏，旁若无人。其实，他做着常人无法理解的事情，正说明了他内心强烈的孤独。正如贝母最终将一粒沙子凝聚成珍珠一样，阮籍把他绝世的孤独凝成了《咏怀》诗八十余篇。诗歌记录下了一位身处乱世不被理解与重用的孤独者的心路历程。比如：夜中不能寐，起坐弹鸣琴……徘徊将何见，忧思独伤心。又如：独坐空堂上，谁可与欢者。出门临永路，不见车马行。登高望九州，悠悠分旷野。无不向世人展示了诗人孤独的心境。

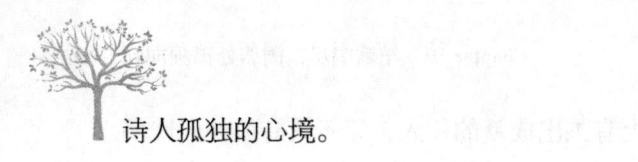

这也是一种众人皆醉我独醒的孤独，他们是乱世中文坛上独自绽放的梅花，他们向世人展示了孤独之美，那缕缕暗香亘古不熄。

无论往昔，还是今夕，伟大常是需要孤独来陪伴。就像一朵寒梅，只有忍受了冬天里的孤独，才能换来与众不同的傲骨。

孤独的时光本身就是一种沉淀。所以不要在意现在的孤独是多么的痛苦，不要因为眼前的孤独而让自己失去了奋斗的理智，沉淀自己，利用孤独，让自己的孤独开花结果。

与自己下棋，赢家总是自己

有人问大师："大师，一个人最害怕什么？"

"你认为呢？"大师反问道。

"是孤独吗？"

大师摇了摇头："不是。"

"那是委屈？"

"也不是。"

"是绝望？"

"不是。"

困难、魔鬼、噩梦……这个人一连说了十几个答案，大师一直摇头。

"那大师您说是什么呢？"这个人实在不知道了。

"就是自己！"大师高深莫测。

"自己？"这个人抬起头，睁大了眼睛，好像明白了什么，又好像什么也没明白，直直地盯着大师，渴求点化。

"是的。"大师笑了笑，"其实你刚刚说的孤独、误解、绝望等，都是你自己内心世界的影子，都是你自己给自己的感觉罢了。你对自己说：'这些真可怕，我承受不住了。'你就真的会害怕。如果你告诉自己：'没什么好怕的，多大点事儿啊！'就没什么能够难得倒你。一个人若连自己都不怕，他还会怕什么呢？所以，使你害怕的其实并不是那些想法，而是你自己！"

这个人顿如醍醐灌顶。

人之一生，是一趟没有回程的旅行，沿途既有数不清的坎坷泥泞，也有看不完的美丽风景。是泥泞，是风景，要看心情，心晴的时候，雨也是晴，心雨的时候，晴也是雨。

也许当前的状况无法改变，但我们至少可以调整心情；或许我们无法改变风向，但我们至少可以调整风帆——战胜了自己的心，你才能在孤独的旅程中走得从容。

他就像是传说中的天煞孤星一般。

孤独从他18岁就开始了。那一年他应征入伍，然后被分配到一个孤岛上驻守，这里只有他一个人，一把枪，一只狗，除了定期开来的补给船，他连人的味道都闻不到。就这样的日子，他居然乐呵呵地过了三年。

随后，他被调了回来，慢慢从班长、排长一路干到营长。然而一个意外又让他回到了孤独点上。他的妻子，忍受不了寂寞，丢下他和孩子去了远方。为了能够更好地照顾孩子，他转业离开了部队。

后来，他找了一份在深山老林里当护林员的工作，这也是一份非常孤独的差事，他半个月才回老家一次，看看老人，看看孩子。他经常从这座山爬到那座山也看不见一个人。

即便如此，老天还是跟他过不去——他寄养在乡下父母身边的儿子，因为贪玩溺亡了。二位老人被愧疚和丧亲之痛折磨着，不久也相继离世了。从此，他对山外似乎再也没有了牵挂，而山外的人们，又有谁会记得这样一个人呢？他在一年一年的孤独中老去。

三十多年以后，一辆从北京开来的电视采访车驶进了这座深山。原来，在看林子的这三十多年里，为了解闷，他看了许多植物学方面的书籍，平时在林子里巡护，他也会对照书上的图谱进行观察、研究。几个月前，他发现了一种国内外从未记载的珍稀植物，他把这种植物的照片和自己写的说明寄给了山外的战友，战友把它寄到了国外一家权威杂志，然后，发表了。

然而，当记者了解到他的人生经历以后，所震撼的已不再是他的重大发现，而是在这孤独得只能对着大山空语的日子里，他是怎样让自己一直活得如此生动的。

在记者抛出这个问题以后，他想了想，说："我总是自己和自己下棋，执白棋的是我，执黑棋的也是我。这样，不管是白棋赢还是黑棋赢，最终赢的人都是我。"

听者无不沉思、点头。

无论命运带来多少灾难，无论这一生是怎样的孤独，只要坚信自己就

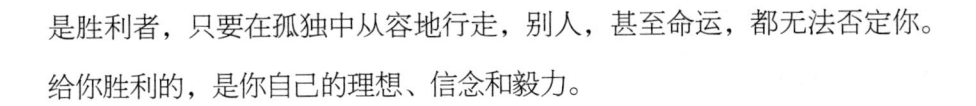

是胜利者，只要在孤独中从容地行走，别人，甚至命运，都无法否定你。给你胜利的，是你自己的理想、信念和毅力。

做一个孤独的散步者，有何不可

人缺少的往往是一份自己独处的淡定的心，太过喧嚣的生活环境里，我们更容易迷失自我。不如像黑格尔说的那样"背起行囊，独自旅行，做一个孤独的散步者"。

很多人喜欢三毛，喜欢她对自由的诠释。可是，为何这么多年过去，再没有出现一个三毛一样的人？为什么她的自由只能被默默欣赏，而无法直接效仿呢？因为我们害怕孤独，无法像她一样摆脱尘世的杂念，故而得不到她那样的自由。

我们崇拜三毛行走在撒哈拉大沙漠里的洒脱，可大部分人只敢跟着旅行团走马观花，又有几人愿意背起简单的行囊独自去旅行呢？我们大多数人都是这复杂世界中的一颗棋子，心甘情愿地接受他人的摆布，这些人包括我们的亲人、朋友、上司，甚至可能是这世界上的任何一个人。我们害怕如果不接受摆布就会被排斥，我们无法承受那样的孤独，所以当三毛的心飞向自由时，我们心甘情愿地被束缚。

也有人认为三毛很软弱，因为她的文字总是写满忧伤，她的故事里总是带着感伤。或许他说的没错。但谁又能说，这不是三毛对内心孤独的一种面对与释放呢？

三毛的孤独来自于她对"自己"二字的定义。三毛说："在我的生活里，我就是主角。对于他人的生活，我们充其量只是一份暗示、一种鼓励、启发，还有真诚的关爱。这些态度，可能因而丰富了他人的生活，但这没有可能发展为——代办他人的生命。我们当不起完全为另一个生命而活——即使他人给予这份权利。坚持自己该做的事情，是一种勇气。"

现代的女性虽然不再像古时那样三从四德，可大部分女人还是心甘情愿地牺牲自己来成全男人，直到伤得体无完肤，才知道什么叫"爱自己"。三毛也很爱荷西，可她从来没有因为爱荷西而失去自我。为了自己，三毛孤独地生活着。

在《稻草人手记》的序言里，有这样一段描写，一只麻雀落在稻草人身上，嘲笑它，"这个傻瓜，还以为自己真能守麦田呢？他不过是个不会动的草人罢了！"话落，它开始张狂地啄稻草人的帽子，而这个稻草人，像是没有感觉一般，眼睛不动地望着那一片金色的麦田，直直张着自己枯瘦的手臂，然而当晚风拍打它单薄的破衣裳时，稻草人竟露出了那不变的微笑来。三毛就像这稻草人，执着地微笑着守护内心中那片孤独的麦田。

作家司马中原说："如果生命是一朵云，它的绚丽，它的光灿，它的变幻和飘流，都是很自然的，只因为它是一朵云。三毛就是这样，用她云一般的生命，舒展成随心所欲的形象，无论生命的感受，是甜蜜或是悲凄，她都无意矫饰，字里行间，处处是无声的歌吟，我们用心灵可以听见那种歌声，美如天籁。被文明捆绑着的人，多惯于世俗的烦琐，迷失而不自知。"

世人根本没有必要为三毛难过，而应该为她高兴，因为她找到了梦中的橄榄树。在流浪的路上，她随手播撒的丝路花语，无时不在治疗着一代人的青春疾患，她的传奇经历已成为一代青年的梦，她的作品已成为一代青年的情结。她虽死犹生。

给自己一些孤独时光，做一个孤独的散步者，你会越走越和谐，越走越从容，越走越懂得享受人与人之间一切平凡而卑微的喜悦。当有一天，走到天人合一的境界时，世上再也不会出现束缚心灵的愁苦与欲望，那份真正的生之自由，就在眼前了。

坚强久了，内心也就强大了

"当灵魂迷失在苍凉的天和地，还有最后的坚强在支撑我身体，……当灵魂赤裸在苍凉的天和地，我只有选择坚强来拯救我自己。"有时候，你真的不得不坚强，因为如果你不坚强，没人会替你勇敢。

陈丹燕老师在《上海的金枝玉叶》中描写了这样一个美丽的女子——郭婉莹（戴西），她是老上海著名的永安公司郭氏家族的四小姐，曾经锦衣玉食，应有尽有。时代变迁，所有的荣华富贵随风而逝，她经历了丧偶、劳改、受羞辱打骂、一贫如洗……一度甚至沦落到在乡下拷鱼塘清粪桶。但那么多年的磨难并没有使她心怀怨恨，她依然美丽、优雅、乐观，始终保持着自尊和骄傲。她有着喝下午茶的习惯，可是家中早已一贫如洗，烘焙蛋糕的电烤炉没了多年，怎么办？这些年她一直自己动手，用仅有的一只铝锅，在煤炉上烘烤，在没有温度控制的条件下，巧手烘烤出西式蛋糕。就这样，几十年沧桑，她雷打不动地喝着下午茶，吃着自制蛋糕，怡然自得，浑然忘记身处逆境，悄悄地享受着残余的幸福。

这就是坚强，一种生活的态度，淡定而从容。生活就是这样，有时意料之中，有时意料之外。不过悲也好，喜也好，你都得活着，都要面对，等你的年龄到了足以有资格回味往事之时，你会发现，那正是你的人生。而这一路陪你走来的，不是金钱、不是欲望、不是容貌，恰恰就是你那颗坚强的心。

也许你有些害怕，于是你不想长大，但很多我们不想经历的，终究还是要经历，长大了就是长大了，就要承受很多东西。人生，从来都是苦大于乐、福少于难的，你得学会苦中作乐，因为如果你不坚强，没人替你勇敢。

或许，如果可以，你更愿意每天随心所欲，不用早起，不用在地铁上拥挤，不必看着老板的脸色，在遭遇挫折以后，不需理睬什么"在哪里跌倒就在哪里站起"，是的，如果可以，你更愿意蹲下来怀抱双膝，慢慢疗伤……可是，人生没有如果，即使有一千个理由让你黯淡消沉，你也必须选择一千零一次的勇敢面对，因为你不坚强，没人替你勇敢。

有时候，看似好友成群，每天的哥们义气、姐妹情谊，可真的到了关键时刻，能帮得了自己的却不见一人，所以做任何事情，不要总想着依靠别人，在这个物质至上的社会，你如何百分之百确定那人就是真心助你？所以你凡事还得靠自己，因为如果你不坚强，没人替你勇敢。

给自己一些孤独时光韬光养晦

对于一个胸有大志，有梦想且有着强烈实现它的渴望的人，有时候选择低调，守住一份孤独，是通往成功的另一种方式，我们可以称之为韬光养晦。它是崛起前，一个低调的奋斗的阶段。当你能够让自己获得更多的进步时，你会发现自己的成功很大程度上得益于当初的孤独，它让自己清醒，让自己拥有更多的认识。

虽然贵为华人首富，李嘉诚却过着清教徒般的生活。

他11岁就来到香港谋生，一路上都是一个人在奋斗。他一直自己缝衣服，即便是现在。他的袜子都是不能见人的，因为他自己缝补了好多次。

李嘉诚的办公室，像他的打扮一样简单，除了一望无际的维多利亚港海景。其中最惹眼的，莫过于清代儒将左宗棠题于江苏无锡梅园的诗句："发上等愿，结中等缘，享下等福；择高处立，寻平处住，向宽处行。"这24个字，凝聚着深刻的人生哲理，而李嘉诚则将其视为自己的人生信条。

"孤独感是他最好的朋友，也是他最自然的常态。"一位熟知李嘉诚经历的高层如此评价道。在他看来，经历过少年磨难的李嘉诚，早已习惯了孤独的感觉。

回忆早年的苦学生涯，李嘉诚说："别人是自学，我是'抢学问'，抢时间自学。一本旧《辞海》，一本老师版的教科书，自己自修。"

这是一个孤独之旅，命运剥夺他的，李嘉诚要靠自己抢回来。没有学历、人脉、资金，想出人头地，自学是他唯一的武器。

李嘉诚自律惊人，除了《三国志》与《水浒传》，他不看小说，不看"没有用"的书。捡起教科书，李嘉诚时而扮演学生，时而扮演老师，摸索教学和出题的逻辑，寻找每个篇章的关键词句，模拟师生对话，自问自答。

孤独是他的能量，也是他的朋友。独处时，他脑海会开始做思想的挣扎，会不断自己抛问题，自己回答。李嘉诚的一位友人说："他现在的习惯，就是来自于此。"

在创办长江塑料厂时，李嘉诚又开始订阅英文《当代塑料》及其他西方专门的塑料杂志。与此同时，李嘉诚开始将部分资金投资华尔街上市公司股票，李嘉诚从不按直觉投资，而是仔细研读公司财报，研究商业规则。《华尔街财报》是李嘉诚的英文老师、商业教练，也是他的私人投资获利来源。

经过几十年的磨炼，李嘉诚早已学会了和孤独相处，所以，登上人生的高峰之后，少有高处不胜寒之感。

很多时候，我们看到的只是别人收获成功的一刻，似乎很多人都是一夜成名、一夜暴富。然而，当你真正了解那个人的时候，你才会发现，在功成名就之前，他们是怎么孜孜不倦地追求过、付出过、努力过。付出之后你才会感觉到生活的快乐，因此，如果你敢于付出，那么你就会在孤独中得到精神的升华。所以当你无法摆脱眼前的困境时，你不如选择孤独地思考，当你能够认真思考自己人生的时候，或许会发现成功真的并不是一件难事。

韬光养晦是孤独的，没有人知道你的鸿鹄之志，没有人理解你的低调。然而，在一些不利的条件下，韬光养晦反而是一种更好的出击。孤独拥有一种冲击力，如果你足够坚强，那么你就不会被摧垮，相反，你还会因为自己的成功或者是自己的坚强而获得更多的机会，这就是在孤独中韬光养晦。

从窄处开始，别被宽门所迷惑

作家余华在谈到他的新作《兄弟》时，说了这样一段话，他说：我最初构思《兄弟》时，是准备写一部十万字左右的小说，可叙述统治了写作，篇幅超过了40万字。写作就是这样奇妙，从狭窄开始往往写出宽广，从宽广开始反而写出狭窄。这和人生一模一样，从宽广大路出发的人走到最后常常走投无路，从羊肠小道出发的人却能够走到遥遥的远方。无论写作还是人生，都应该从窄处开始，不要被宽阔的大门所迷惑，那里面的路没有多长。

窄处是孤独的，但孤独的生活不一定是悲剧，很多时候，你的孤独往往能够化作一个坚硬的盾牌，保护着你。如果将孤独比作一道门，那么在孤独门外会有各种喧闹的诱惑，而享受孤独的你则在屋内修养自我。

一位老人总是很认真地给小辈们讲述那个"农夫和扁担"的故事，说是有个农夫买了条新扁担回家，可是横着进不去屋，竖着也进不去屋。农人眉头一皱，想到了一个办法，他"喀嚓"一声把扁担拦腰折断，这回顺利进屋了。

小辈们纷纷取笑农夫，有的说，把扁担顺过来，不就进去了；也有人调笑说，干脆把门阔得宽大些，会省去很多麻烦。老人等的似乎就是这句话，他说，真正有智慧的人，都居住在窄门里，他们从窄处向宽处走。住在宽大的门里，进出虽然方便，却容易滋生惰性。窄门里是冷清的，能坚持这份孤独的人不多，宽门虽然门庭若市，却千人一面。

其实，老人所说是一种生命态度。宽门与窄门，隐含着两种不同的人生哲学。应该说，这个老故事被老人注入了全然不同的内涵，当然，他也一直抱着这种生命态度在生活。

在最艰苦的日子里，老人选择了"住进窄门"。他是个医生，曾经响应号召下了乡，在那里，一个北大医学系的高才生，变成了背着药箱跋涉山路的"赤脚医生"。那时，一个年轻漂亮的北京籍女护士出现了，他的心里亮起了一盏明灯，这个女护士后来成为了他的妻子。

他的医术很好，十里八村的老乡每天排着队来找他看病、开药、批假条，遇到病情严重的人，他还要带着乡亲将人抬到几十里外的市医院救治。那段时间很劳累，但他过得很充实。

Chapter 10　笙歌唱尽，阑珊处孤独向晚

夜深人静的时候，人都散了，他便点起煤油灯，捧着厚重的医学书籍，如饥似渴地扎入其中。即便是在吃了上顿没下顿的日子里，他也从没有放弃学习。夏天，蚊虫肆虐，他就燃点艾蒿，在烟下读书。遇上大雨天，屋外下雨，屋内也下雨，床头、书桌、诊疗台上摆满各式各样的盆碗，他就蹲在这些叮当作响的盆碗之间，看书、做笔记。寒冬，雪花飞舞，北风透过并不严密的门窗钻进屋子里，凉气袭人，而他心在书里，浑然不觉。

与他同时下乡的还有一位上海籍的赵姓医生，他选择了"宽门"，积极参加了当时的一些运动，然而事业发展并不如意，于是自叹怀才不遇，醉生梦死。

后来，老人带着一家返城，很快成了远近闻名的外科第一把刀，他出了几本书，都在医学界有一定的影响。如今，他已经到了古稀之年，仍常在国内外医学刊物上发表文章。而那位赵姓医生却被酒精侵害了大脑，连握笔手都发抖，就更别说握手术刀了。

人生犹如一次旅行，在漫长的旅程中，唯有学会拒绝诱惑，才能到达成功的彼岸。学会享受孤独，因为孤独往往能够帮助我们认清自我，让自己找到属于自己的目标。

理智地面对身边的诱惑，让自己的人生拥有独立的空间，不要因为暂时的困境，而放弃了自己的理想，更不要因为自己暂时的孤独，而选择投靠外界的诱惑，要知道诱惑往往是一个个的陷阱，陷下去就是万劫不复。

即使身处闹市，依然可以悠然自得

陶渊明曾经写过这样几句诗："结庐在人境，而无车马喧。问君何能尔，心远地自偏。"所谓心远地自偏，说的是人从心里摒除浮躁，洗去欲望，能够有一个淡然处之的心态，甘于孤独，这样即使身处闹市，也能悠然自得，能豁达地面对尘世的纷纷扰扰。

东晋时，吴隐之经旧邻韩康伯的推荐，开始出任"辅国功曹"，随后官职不断升迁，并历任卫将军主簿、晋陵太守、左卫将军、广州刺史、太常、中领军等职。

然而他却没让生活随着他官职的升迁而奢华，依然过着清贫的日子。下属们都有些不解，有人曾经问他："你寒窗苦读，有了今天的地位也不想改善自己的生活，你不觉得有点吃亏吗？"

吴隐之则说："一个人读书做官如果只为了贪取富贵，他的人生理想就十分低俗，人生也就无味了。读书做官对这些人而言便是件坏事，是促其堕落的平台，又有什么值得称道呢？我不想成为这种人。"吴隐之每月领到俸禄，第一件事便是接济贫穷的亲友和乡邻。他的家人起初并不赞成，常常责备他："你不贪不占，这在做官的人中已是很难得。我们家也不富裕，倘若再将辛苦所得的俸禄白白送给别人，当官还不如做

Chapter 10 笙歌唱尽，阑珊处孤独向晚

百姓呢！"

吴隐之为了让家人理解自己，耐心做他们的工作，劝诫他们说："戒除贪心不是件容易的事，这需要时时刻刻地努力。我也担心自己一旦富裕起来，就开始追求享受了，现在清苦一些是好事啊！"

吴隐之清廉有德，朝廷对他屡有褒奖，十分信任。当富庶的广州地区的官吏贪污丑闻不断时，朝廷任命吴隐之为广州刺史——在当时来说就是广州地区的最高官员。吴隐之在广州上任之后，不负众望，严惩了一大批贪官污吏和不法商人，使当地习俗日趋淳朴，官吏奉公守法。

吴隐之之所以能够做到不贪、受人尊重，这很大的功劳应记在他有一颗无欲之心上。无欲之人，不会因为贫穷而办鸡鸣狗盗之事，更不会因为富贵而变得奢靡起来；无欲之人，不会因为无权而献媚于人前，更不会因为有钱而鱼肉百姓、聚敛财富。

我们常常被欲望缠身，被欲望搅得吃睡不香。人生短短几十年，谁能没有些想法呢，谁又不希望自己活得更舒服些呢？于是，欲望把我们支配得如无头苍蝇般滴溜乱转，让我们的身心都疲惫不堪，却很难有所得。无欲而怡然，我们缺少的就是一种淡泊明志的心怀，老僧入定的境界，试着去探寻这种境界，找回属于我们的那份怡然生活。

人本身就需要自我的修炼，但是要想修炼自己的内心，就要保持一种心远的状态，只有拥有了这种状态，你才能够获得你想要获得的东西，最终，也才能让自己的孤独变得有价值，让自己的人生变得不再苍凉，生活才会散发出芬芳的气息。

心远地自偏，心远是一种态度，地自偏是一种境界。孤独自豁达，孤独是行为，豁达的是心境，当一个人能够学会使自己独处，能理性分

析身边的事情的时候，离豁达也就不远了。退一步海阔天空，很多时候当你静下心来换个角度来看原来的事物，得到的可能是另一种结果。人贵在享受独处，利用孤独的心境去体察生活，体味人生，从而让自己得到升华。

时常到心灵静谧的地方走一走

欲望是无尽的，特别是对于我们有限的一生来说，我们能够实现的欲望，实在太少。而对于大多数人来说，更多的时候生活都是处于一种平淡的状态，而正是这样平平淡淡的生活当中，才蕴涵了我们苦苦追求的幸福。

但是，有太多的人总是过多地追求欲望的视线，而忽视了平淡当中蕴藏的幸福，我们无言地承受着欲望给我们带来的痛苦，可是却忘记了上帝赐予我们人生的礼物——幸福。对于大多数人来说，平平淡淡就是幸福。幸福就在我们每一个人的身边，何须千山万水地去寻找呢？

有一天，巴菲特先生接受一家杂志的采访，他穿着卡其布的裤子、夹克，系着一条领带。"我专门为此打扮了一番的。"他有点不好意思地说道。

他的女儿苏珊曾经这样评价他说："有一天，我和妈妈去商场，说：

Chapter 10　笙歌唱尽，阑珊处孤独向晚

'咱们给他买一套新西服吧……他穿了30年的衣服我们看都看烦了。'所以，我就给他买了一件驼绒的运动夹克，仅仅是为了让他有两件新衣服。但是，他让我把衣服退掉。他说：'我有一件驼绒的运动夹克和一件蓝色运动夹克了。'他说话的语气显然是非常地严肃，我不得不把衣服退掉。最后，我拿了一套衣服就出去了，他不知道。我甚至连衣服上的价格标签都没有看一眼。我在寻找一些穿着舒适且看起来样式有些保守的衣服。如果衣服的样子不是极端地保守，他也不会穿的。"

苏珊继续补充说："他不把衣服穿到非常破旧是不可能换的。"

当然，实际上没有人会在意，巴菲特工作的时候，穿的是晚礼服还是游泳衣。

偶尔的时候，巴菲特也会买一套西服，衣服的某个地方介于成衣和专门定制的衣服之间，因为他的衣服需要稍微地进行一下改动才会合身。

一位伯克希尔公司的股东说，有一次，他和一位给巴菲特做衣服的裁缝聊了起来，问他为什么巴菲特的西服穿起来总是显得有些不合身。这位裁缝回答道："他是世界上最不好量体裁衣的人，主要是因为他的臀部不够丰满。"

其实，巴菲特的低预算风格是人尽皆知的。《华盛顿晚报》的凯瑟琳曾经这样说起她的商业老师："他这个人非常地节俭，有一次在一家机场，我向他借一角硬币打个电话，他为把25美分的硬币换成零钱走出了好远。'沃伦，'我大声地叫道，'25美分的硬币也行啊！'他有点羞怯地把钱递给了我。"

巴菲特总是自己开车，衣服到穿烂为止，最喜欢的运动不是高尔夫，

233

而是桥牌；最喜欢吃的食品不是鱼子酱，而是玉米花，最喜欢喝的不是 XO 之类的名酒，而是百事可乐。当我们看到这个地球上的富翁也在过着和平常人一样的生活，那么我们普通的老百姓又有什么不知足的呢？

人生本来就是一个变化无常的过程，过分地执着则绝对是一种人生的大不智。

可能你是一个大忙人，为了生意上的事情东奔西走，苦心经营，风餐露宿，历尽艰辛。即使你财运亨通，但是也让你感到精疲力竭。其实人生之乐在于平淡，不在于高官厚禄，不在于香车宝马，不在于娇美妻子，不在于锦衣玉食，而在于平淡当中的真实，真实当中的平淡。

追鹿的人是无法看到山的，捕鱼的人是无法欣赏到水的。他们只为了一个目的，而忽视了身旁的美景与灵动。如果是站在山涧，倾听那潺潺的流水声、鸟语声，怎一个清字了得？闭上眼睛，想象着这么一幅画：瓦蓝的天空，和煦的阳光，连绵的山脉，休憩的马匹，甚至就连那流动的河水也停止了。

这是多么平静淡雅的生活，多么令人向往。每个人心中都应该有那么一个宁谧的地方。每当我们遇到不如意的时候，让我们抛开那些不如意吧，到那心灵中静谧的地方走一走，何须行路匆匆呢？

Chapter 10　笙歌唱尽，阑珊处孤独向晚

于静处体味生活，还原生活本色

老街上有一铁匠铺，铺里住着一位老铁匠。由于没人再需要他打制的铁器，现在他以卖拴狗的链子为生。

他的经营方式非常古老，人坐在门内，货物摆在门外，不吆喝，不还价，晚上也不收摊。无论什么时候从这儿经过，人们都会看到他在竹椅上躺着，微闭着眼，手里是一只半导体，旁边有一把紫砂壶。

他的生意也没有好坏之说。每天的收入正够他喝茶和吃饭。他老了，已不再需要多余的东西，因此他非常满足。

一天，一个古董商人从老街上经过，偶然间看到老铁匠身旁的那把紫砂壶，因为那把壶古朴雅致，紫黑如墨，有清代制壶名家戴振公的风格。他走过去，顺手端起那把壶。

壶嘴内有一记印章，果然是戴振公的。商人惊喜不已，因为戴振公在世界上有捏泥成金的美名，据说他的作品现在仅存三件：一件在美国纽约州立博物馆；一件在台湾故宫博物院；还有一件在泰国某位华侨手里，是他1995年在伦敦拍卖市场上，以60万美元的拍卖价买下的。

古董商端着那把壶，想以15万元的价格买下它，当他说出这个数字时，老铁匠先是一惊后又拒绝了，因为这把壶是他爷爷留下的，他们祖孙

235

三代打铁时都喝这把壶里的水。

虽没卖壶，但古董商出现的那天，老铁匠有生以来第一次失眠了。这把壶他用了近60年，并且一直以为是把普普通通的壶，现在竟有人要以15万元的价格买下它，他有点想不通。

过去他躺在椅子上喝水，都是闭着眼睛把壶放在小桌上，现在他总要坐起来再看一眼，这，让他非常不舒服。特别让他不能容忍的是，当人们知道他有一把价值连城的茶壶后，总是拥破门，有的问还有没有其他的宝贝，有的甚至开始向他借钱，更有甚者，晚上也推他的门。他的生活被彻底打乱了，他不知该怎样处置这把壶。当那位商人带着30万元现金，第二次登门的时候，老铁匠再也坐不住了。他招来左右邻居，拿起一把锤头，当众把那把紫砂壶砸了个粉碎。现在，老铁匠还在卖拴小狗的链子，据说今年他已经101岁了。

老铁匠的内心随着茶壶的升值而波动不平起来了，生活中原本的宁静与安详被打破了，很显然这突如其来的"好运"并没有给老人带来快乐，相反老人的内心却承受着煎熬。在沉思之后，老人最终悟得了"虚空"的禅机。也是在老人举起锤头的那一刹那，他找回了原本属于自己的那份安详与宁静。

"证得身形似鹤形，千株松下两函经。我来问道无余话，云在青天水在瓶！"不管你选择了什么为"道"，如果将其视为唯一重要之事而执着于此，就不是真正的"道"。唯有达到心中空无一物的境界，才是"悟道"。无论做什么，如果能以空明之心为之，一切都能轻而易举了。

Chapter 10　笙歌唱尽，阑珊处孤独向晚

若无闲事挂心头，便是人间好时节

  只要我们的内心不为外境所动，则一切是非、一切得失、一切荣辱都不能影响我们，而这种状态下，我们的内心世界将是无限宽广的。换而言之，心外世界如何其实并不重要，重要的是我们的内心世界。正如诗云："春有百花秋有月，夏有凉风冬有雪。若无闲事挂心头，便是人间好时节。"

  这个"闲事"，当然不是指那些不关正经的事儿，它说的是我们由于心不净所造成的种种心理障碍。人们凡遇一事，总摆脱不了是非、人我、利害的纠缠，因此派生出好与坏等不同心境来。因而出家人将去掉心头"闲事"，作为自己修行的最关键的一环。也就是用消除人我、物我分别的心量去过一年的365天，甚至是每一时、每一刻、每一处所思所遇的万物，从而使那些被认为是有违人意的事情，也变得顺心如意起来。用这样的心态去观照万物，无论是春花，还是秋月，无论是酷暑，还是严寒，都会呈现出它们平等无差别的美的本质来。

  由此推广而说，人生也可分做四季：年幼之时若能春花浪漫，年青之时若能夏木繁茂，壮年之时若能秋果累累，年迈之时若能如瑞雪落定

而乐得其归宿，便不虚此生了。再从小处讲来，人生四季，若能荣辱不惊，不过分求有所得，亦不过度伤感有所失，那么，一生时时都将是好时了。

有这样一家人，父母都老了，三个女儿，只有大女儿大学毕业有了工作，其余的两个女儿还都在上高中，家里除了大女儿的生活费可以自理外，其余人的生活压力都落在了父亲肩上。但这一家人每个人的感觉都是快乐的。晚饭后，父母一同出去散步，和邻居们拉家常，两个女儿则去学校上自习。到了节日，一家人团聚到一块儿，更是其乐融融。家里时常会传出孩子们的打闹声、笑声，邻居们都羡慕地说："你们家的几个闺女真听话，学习又好。"这时他们的眼里就满是幸福的笑。其实，在这个家里，经济负担很重，两个女儿马上就要考大学，是一笔很大的开支。家里又没有一个男孩子做顶梁柱，但女儿们却能给父母带来快乐，也很孝敬。父母也为女儿们撑起了一片天空，让她们在飞出家门之前不会感受到任何凄风冷雨。所以，他们每个人都是快乐和幸福的。

其实幸福很简单，去工作，而不过于以挣钱为目的；去爱而忘记所有别人对你的不是；去跳舞而不管是否有人在关注；去唱歌而不想着是否有人在听；去生活就想这世界便是天堂。这样，我们就会发现生活中其实处处都有幸福。

那么，为什么有那么多人不能享受人生的美好时节呢？忙碌和压力只是表象，还是因为我们心中有事。我们汲汲于名利，醉心于富贵，沉迷于情欲，纠缠于是非，腾不出闲情、挪不出逸致去呼吸江上的清风，欣赏山间的明月，因此，纵然春有百花烂漫又与我何干？即便白雪宜人，我也只看到地冷天寒。在追逐中，我们忘记了人生路上的欣赏，只有攫取和

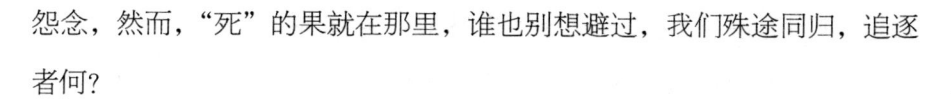

怨念，然而，"死"的果就在那里，谁也别想避过，我们殊途同归，追逐者何？

我们若能以荣辱不惊的平常心，去面对生活中的横逆困顿、人我关系上的是是非非，做到积极谋事而不过分计较得失，做到事虽忙心儿闲，在"心闲"与"积极"之间找到一个可以把握的度，那么人生虽匆忙，也是可以享受"闲敲棋子看落花"的雅趣的。

寻求宁静，并不是要把自己隔离

有些人自诩喜欢寂静而厌恶喧嚣，于是逃避人群以求得安宁，殊不知故意离开人群便是执着于自我，刻意去追求宁静实际是骚动的根源。

肖生患了严重的感冒，被送进医院治疗。他的同学们常到医院去看他。肖生病情不轻，原本结实而又活泼的他，此时变得面黄肌瘦，体重减了很多，看起来仍是一副病容。他皮肤苍白，两眼无神，没有活力。他的一位同学这样描述："当你去看他的时候，你会感到他对你的健康非常忌妒，这使我在他的床边与他交谈时，感到很不自在。"

有一天，他的同学见到病房门紧闭，门上挂着一个牌子：谢绝访客。

他们吃了一惊——是什么原因呢？他的病并没有生命危险啊。

是肖生请求医生挂上那个牌子的。亲友的探访不但没有使他振奋，相反地,却使他感到更加沉闷,他不想跟同学们打交道。

之后,肖生把他不想与人打交道的情形告诉了同学们。他对每一个人和每一件事都有一种轻蔑之情,他觉得他们每一个人都不值一顾或荒谬可笑,他只想独个儿与他愁惨的思绪共处。

他的心中没有欢乐。由于身体的疾病而抑郁寡欢,他同时感到他正在排斥生活,弃绝世人。

那些日子对于肖生而言,可说是毫无乐趣可言。他的恼怒大得使他难以忍受。

但他很幸运。一位值班护士了解他的心境,有一天,她对他说,院里有一位年轻的女病人,遭受了情感的打击,内心非常苦恼,如果他能写几封情书给她,一定会使她的精神振奋起来。

肖生给她写了一封信,然后又写了一封。他自称他曾于某日对她有过惊鸿一瞥,自那以后,就常常想到她。他在这里表示,待他俩病好之后,也许可以一同到公园里去散散步。

肖生在写这封信的过程当中感到了乐趣,他的健康也跟着开始好转。他写了许多信,精神抖擞地在病房里走来走去。不久,他就可以出院了。

出院的消息使他感到有些不安,因为他还没见过那位少女。他从书写那些表示倾慕之情的信中获得了很大的乐趣,他只要一想到她,脸上就现出一道爱的光彩,但他一直没有见到她——一次也没有。

肖生问那位护士,他是否可以到她的病房中去看她。

那位护士表示可以,并告诉他,她的病房号码是414。

但那里并没有这样的一个病房,也没有这样一位少女。

Chapter 10　笙歌唱尽，阑珊处孤独向晚

求得内心的宁静在于心，环境在于其次。否则把自己放进真空罩子里不就真净无菌了吗？其实，这样环境虽然宁静，假如不能忘却俗世事物，内心仍然是一层繁杂。何况既然使自己和人群隔离，同样表示你内心还存有自己、物我、动静的观念，自然也就无法获得真正的宁静和动静如一的主观思想，从而也就不能真正达到身心都安宁的境界。